Nach den Regeln der neuen Rechtschreibung
Wir danken Daniel Kunth, Astrophysiker im C.N.R.S.
in Paris, für seine wertvolle Mitarbeit.


Titel der französischen Ausgabe:
Imagia, L'Univers
ISBN 3-89717-123-6

Printed in France
by ***Partenaires-Livres***®
(JL 02-01)

# DAS UNIVERSUM

Herausgeberin:
Emilie Beaumont

Text und Illustrationen:
Pierre Bon

Fachlektorat:
Frank Postberg

Aus dem Französischen von
Sigrun Kulf

FLEURUS VERLAG

FLEURUS VERLAG, Mainzer Straße 116, 66121 Saarbrücken

# Die Geburt der

*Die Erbauer der prähistorischen Stätte Stonehenge in England richteten die Steinformationen nach der aufgehenden Sonne aus. Vielleicht dienten sie ihnen als Observatorium.*

***Wie viel Uhr ist es? Welches Datum haben wir? Wie alt bist du? Wo liegt Norden? Um diese scheinbar leichten Fragen zu beantworten blickten die Menschen in den Himmel. So wurde die älteste Wissenschaft der Menschheit, die Astronomie, geboren.***

*Die erste Uhr bestand aus einem in den Boden gesteckten Stock. Die Richtung des Schattens gab die Uhrzeit an. Wenn man die Länge des Schattens zur Mittagszeit beobachtete, konnte man die Jahreszeiten bestimmen.*

## Nach der Sonne leben

Alles beginnt mit der Sonne. Schon die ersten Kulturen beobachteten, dass die Sonne jeden Tag im Osten aufgeht, bis zu einer bestimmten Höhe steigt und schließlich im Westen untergeht. Ein einfacher, in den Boden gesteckter Stock reicht aus, um anhand des Schattens die Tageszeit zu bestimmen. Aber nicht nur die Stunden kann man so zählen! An der Länge des Schattens zur Mittagszeit kann man außerdem die Jahreszeiten bestimmen: Im Sommer steht die Sonne hoch am Himmel und der Schatten ist kurz. Im Winter, wenn die Sonne niedriger steht, ist der Schatten lang.

## Die Mondphasen

Neumond, zunehmender Mond, Halbmond, Vollmond:

# Astronomie

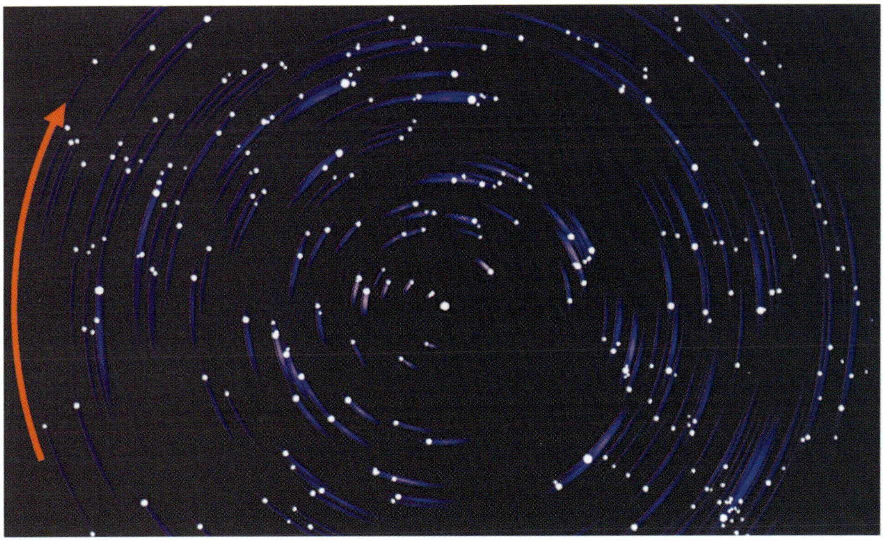

*Wenn man den Nachthimmel lange beobachtet, scheinen die Sterne um den Polarstern zu kreisen.*

Auch die wechselnde Erscheinung des Mondes beeindruckte die Menschen schon früh. Alle 29 Tage nimmt der Mond dieselbe Gestalt an. Dieser „Mondmonat“ war oft die Grundlage der Zeitrechnung. Moslems richten ihren Kalender heute noch danach. Doch gibt es ein Problem: Ein 12-monatiges Mondjahr ist um elf Tage kürzer als ein Sonnenjahr. Den Astronomen bereitete es lange Zeit Kopfzerbrechen diese beiden Zeitrechnungen in Übereinstimmung zu bringen. In unserem heutigen Kalender ist ein Monat nun einfach etwas länger als ein Mondmonat.

**Die Sterne**

Zwar dominiert der Mond den Nachthimmel, aber auch die Sterne weckten das Interesse der Menschen. Schon früh entdeckte man, dass sich alle Sterne um einen festen Punkt zu drehen scheinen. Dieser liegt in nördlicher Richtung, wo ein Stern fast unbeweglich am Himmel steht. Man nennt ihn den Polarstern. Fantasievoll verbinden die Menschen die Sterne zu vertrauten Figuren, den Sternbildern. Jede Kultur bevölkert so den Himmel mit ihren eigenen sagenhaften Helden und mythischen Tieren. Jedoch fast alle Kulturen erkennen in zwei Sternbildern das Bildnis von Bären wieder. Heute nennen wir sie „Kleiner Bär“ und „Großer Bär“.

# Frühe

***In Mesopotamien und Ägypten entstanden die ersten Hochkulturen. Noch 5000 Jahre später lassen uns Überlieferungen über das damalige Wissen der Astronomen und Astrologen staunen.***

## Astrologen am Hof

Mesopotamien ist eine der Wiegen der Astronomie. Die am königlichen Hof lebenden Astrologen waren einflussreiche religiöse Würdenträger. Ihre Aufgabe war die Sterne zu deuten und die Zukunft vorherzusehen. Heerführer zogen z. B. nur in die Schlacht, wenn die Vorhersagen der Astrologen günstig waren.

## An den Ufern des Euphrat

In Babylon, einer Stadt, die vor 5000 Jahren an den Ufern des Euphrat, im heutigen Irak, gegründet wurde, erlebt die mesopotamische Astronomie ihre Blütezeit.

Die Babylonier können bereits die Bewegungen der Sonne, des Mondes und der Planeten vorhersagen. Sie verwenden einen Mondkalender, dem sie einige Tage hinzufügen, damit er mit dem Sonnenjahr übereinstimmt.

*Die Babylonier stellten sich die Erde als Insel in einem Ozean vor. Die Sterne, die Sonne und die Planeten seien an einer großen Kugel (einer Spähre) befestigt, die sich um die Erde drehe. Die Babylonier beobachteten bereits, dass sich die Sonne und die Planeten stets auf derselben Bahn bewegen. Diese Bahn teilten sie in zwölf Sternbilder ein, die Tierkreiszeichen.*

# Hochkulturen

## An den Ufern des Nil

Die Ägypter besitzen als Erste einen Kalender, der 365 Tage zählt. Der Fluss Nil gibt dem Leben dieses Bauernvolkes seinen Rhythmus: Jedes Jahr zur selben Zeit überschwemmt er das Land und macht es fruchtbar. In den Überschwemmungszeiten erscheint kurz vor Sonnenaufgang der hellste Stern, Sirius, am Himmel. Jedes Jahr zur Überschwemmung kehrt er wieder. Die Ägypter zählen die Tage bis er wieder an genau derselben Stelle steht wie im Vorjahr. So stellen sie fest, dass ein Jahr 365 Tage hat.

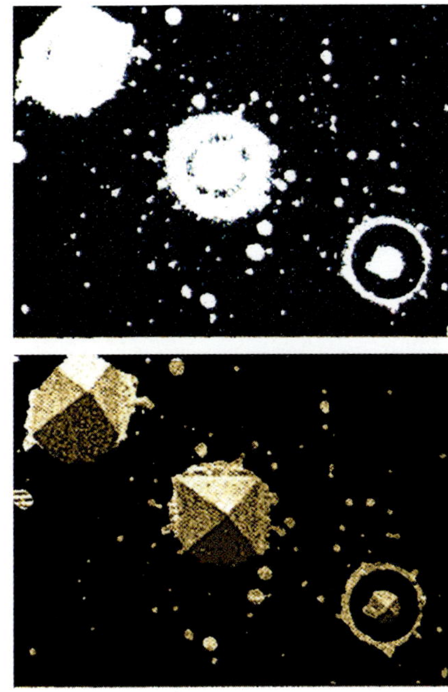

*Einige Fachleute glauben, dass die Pyramiden von Gizeh nach der Position des Sirius zu seinem Nachbarstern angelegt wurden.*

# Die griechische

*Die Griechen, ein Volk von Seefahrern und Reisenden, glaubten, dass die Erde rund sei. Nur so konnten sie sich erklären, warum von einem Schiff, das vom Land wegsegelt, zuerst der Rumpf, dann die Segel und zuletzt die Mastspitze verschwinden.*

***Für die Griechen war eine Beschreibung des Universums nur mithilfe der Geometrie möglich. Dass alle Himmelskörper rund sind, erschien ihnen natürlich, galt doch die Kugel als die perfekte geometrische Figur und als Abbild der göttlichen Perfektion.***

## Kugeln über Kugeln

Im 5. Jahrhundert v. Chr. war der Grieche Parmenides davon überzeugt, dass das Weltall rund sei. Aber was ist mit der Erde? Für die meisten Griechen war es völlig natürlich zu glauben, dass die Erde rund ist. Denn verschwindet am Horizont nicht der Rumpf eines Schiffs, bevor sein Segel verschwindet? Wahrscheinlich war es Aristoteles, der im 4. Jahrhundert v. Chr. den Beweis für die Kugelform der Erde erbringt: Er beobachtet Mondfinsternisse und stellt fest, dass der Schatten, den die Erde auf den Mond wirft, immer rund ist. Zur selben Zeit findet Eudoxos, ein Schüler Platons, eine Erklärung für die Bewegungen von Sonne und Planeten. Er nimmt an, dass die Himmelskörper auf vielen sich drehenden, durchsichtigen Kugelschalen, den Sphären, „kleben".

*Viele Völker hatten Angst vor Sonnen- und Mondfinsternissen. Aber die griechischen Astronomen erkannten, dass diese nur entstehen, weil die Erde bzw. der Mond die Sonne verdecken. (Die Sonne befindet sich rechts außerhalb des Bildes.)*

# Astronomie

*Die Griechen, ausgenommen Aristarchos, glaubten nicht, dass die Erde um die Sonne kreist. Aber sie wussten, dass die Jahreszeiten durch die Neigung der Erde zur Sonne entstehen.*

## Eine geniale Eingebung

Die Sonne und die bekannten Planeten (Merkur, Venus, Mars, Jupiter und Saturn) kreisen nach Ansicht der Griechen um die Erde. Aristarchos behauptet jedoch im 3. Jahrhundert v. Chr., dass sich die Erde um die Sonne drehe. Diese geniale Eingebung findet aber kein Gehör.

## Geometrie

Aristarchos rechnet unter anderem die Größe des Mondes aus. Er behauptet, dass man bei einer Mondfinsternis sehe, dass drei Monde in den Erdschatten passen. Die Erde müsse daher 3-mal so groß sein wie der Mond. Er ist nicht weit von der Wahrheit entfernt. Sein Zeitgenosse Eratosthenes errechnet den Erdumfang, indem er an zwei Orten mit

unterschiedlichem Breitengrad einen Stock senkrecht aufstellt und die Länge des Schattens misst.

## Ein hartnäckiges Modell

Im 2. Jahrhundert n. Chr. entwirft Ptolemäus, ein Grieche aus Alexandria, ein Modell des Universums: Die Planeten beschreiben kleine Kreise, so genannte Epizyklen, und bewegen sich dabei auf einer größeren Kreisbahn um die Erde (Bild S. 12). Diese Annahme deckt sich weitgehend mit den bereits gemachten Beobachtungen und erlaubt eine Erklärung der Unregelmäßigkeiten in den Planetenbewegungen. Ptolemäus falsches Modell hielt sich noch über 1400 Jahre.

## Der Verfall der Wissenschaften

Die Römer beschäftigten sich vor allem mit der Kalenderreform. Der Julianische Kalender, unter Julius Cäsar eingeführt, hat 365 Tage und außerdem Schaltjahre. Er ist im Wesentlichen auch heute noch gültig. Nach dem Ende des Römischen Reichs verfallen die Wissenschaften für lange Zeit.

*Indem er den unterschiedlich langen Schatten eines Stabs in Syene und Alexandria maß, errechnete Eratosthenes den Umfang der Erde.*

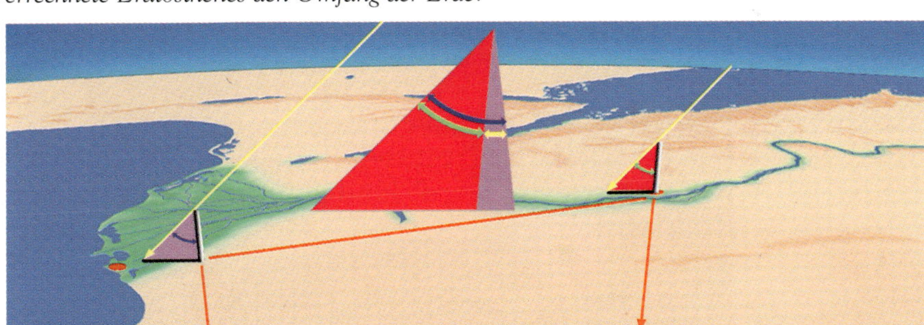

# Die Astronomie

*Für Ptolemäus befand sich die Erde im Mittelpunkt des Universums und die Planeten kreisten um sie herum. Sie bewegten sich dabei auf kleinen Kreisen, den Epizyklen, die auf größeren Kreisen lagen.*

***Wie die anderen Wissenschaften, so verfiel auch die Astronomie in Europa. Aber sie erlebte, dank arabischer Astronomen, eine Blüte im Mittleren Orient – in Städten wie Bagdad, Damaskus und Isfahan.***

## Ein Umweg über Indien

Im Mittelalter erobern die Araber große Gebiete: Im Osten dringen sie bis nach Indien vor. Von dort bringen sie Zahlen mit, die wir immer noch die „arabischen" Zahlen nennen. Sie erleichtern das Rechnen erheblich und tragen zur Fortentwicklung der Mathematik bei. Durch die Inder lernen die Araber aber auch die griechische Astronomie und das Werk des großen Ptolemäus kennen.

## Die Stunde des Gebets

Die Araber beobachteten den Himmel unter anderem aus einem bestimmten Grund: Durch ihre religiösen Vorstellungen mussten sie überall die Gebetsstunden einhalten und die Richtung zur Heiligen Stadt Mekka ausfindig machen.
Dafür mussten sie sich mit Sonne, Mond und Sternen auskennen.

*Die Araber verbesserten das Astrolabium, ein Gerät griechischer Herkunft, das es erlaubte nachts die Uhrzeit und die Stellung der Sterne zu bestimmen.*

# im Mittelalter

*Bis zum Beginn des 17. Jahrhunderts wurden Beobachtungen fast nur mit dem bloßen Auge gemacht. Die Instrumente dienten dazu, den Stern auszumachen und seine Position zu bestimmen, nicht aber dazu, ihn zu vergrößern. Tycho Brahe war der letzte Astronom, der die Sterne mit solchen riesigen, selbst gebauten Instrumenten beobachtete.*

**Verbesserungen in Sicht**
Ptolemäus setzte sich gründlich mit Sonne und Mond auseinander. Nach der Übersetzung seines Werkes verbessern die arabischen Astronomen seine Theorien, um ihren Mondkalender mit dem Gang der Sonne in Einklang zu bringen. Sie verbessern auch das Astrolabium, ein ausgeklügeltes Instrument, mit dem man die Uhrzeit feststellen und seinen Standort bestimmen kann.

**Exotische Namen**
Der Himmel bewahrt die Erinnerung an diese Zeit. Viele Sterne tragen arabische Namen, etwa Beteigeuze, die „Schulter des Riesen" im Sternbild des Orion. Auch viele astronomische Ausdrücke sind arabischer Herkunft, z. B. Zenit (der höchste, senkrecht über dem Betrachter liegende Punkt im Himmelsgewölbe) oder Nadir (der dem Zenit genau entgegengesetzte Punkt).

**Auf dem Weg zur Renaissance**
Durch die Ausdehnung des arabischen Herrschaftsraums bis nach Spanien, wo hervorragende Universitäten gegründet werden, verbreitet sich das arabische Wissen in ganz Europa. Das Werk von Ptolemäus, das in Vergessenheit geraten ist, findet so wieder Gehör. Zur selben Zeit hört man Gerüchte von unbekannten Gebieten in weiter Ferne. Man erzählt sich von großen Schätzen, Seide, Gewürzen und Fayencen aus Indien und China. Die Herrscher von Spanien und Portugal schicken Expeditionen nach Westen und Süden. Sie sollen diese geheimnisvollen Länder ausfindig machen und ihre sagenhaften Schätze mitbringen.

# Die Entdeckunger

*Durch die Fernrohre, mit denen Galilei den Himmel beobachtete, entdeckte er für die damalige Zeit Unglaubliches: Um den Jupiter kreisen vier Satelliten, die Sonne hat Flecken und der Mond Krater und Gebirge.*

***Zu Beginn des 16. Jahrhunderts umsegelte Magellan die Welt und erbringt so den Beweis dafür, dass die Erde rund ist. Man glaubte aber weiterhin, dass sich die Erde im Zentrum des Universums befinde. Doch nicht mehr lange: Schon bald wird die Erde ein Planet unter anderen sein.***

## Nikolaus Kopernikus

14 Jahrhunderte lang wagt niemand, den Theorien des Ptolemäus zu widersprechen. 1543 behauptet Nikolaus Kopernikus als erster, dass die Sonne im Mittelpunkt des Universums stehe. Seine Theorie wird von der Kirche heftig bekämpft.

## Tycho Brahe

Der dänische Hofastronom Tycho Brahe ist einer der letzten Astronomen, die am geozentrischen Weltbild festhalten.

Doch mit seinen genauen Beobachtungen (durch riesige Messinstrumente erreichte er eine nie gekannte Präzision) arbeitet er den Anhängern von Kopernikus Theorie zu.

## Johannes Kepler

Johannes Kepler, ein Schüler Brahes, bedient sich der Beobachtungen seines Lehrers und studiert die Bewegungen der Planeten auf das Genaueste. Und es kommt, wie es kommen musste: Kepler gelangt zu dem Schluss, dass die Planeten, einschließlich der Erde, um die Sonne kreisen. Kepler stellt drei Gesetze auf, die die Planetenbewegungen beschreiben. Sie gelten heute noch. Das wichtigste dieser Gesetze besagt, dass die Planeten nicht auf einer Kreisbahn, wie man damals annahm, sondern auf einer elliptischen Bahn um die Sonne kreisen (eine Ellipse ist gewissermaßen ein abgeflachter Kreis).

*Um eine Ellipse zu zeichnen stich zwei Nadeln in ein Brett. Dann nimm einen Faden, dessen Enden du zusammenknotest. Lege ihn um die Nadeln und forme ihn zu einem Dreieck, indem du ihn mit einem Stift spannst. Bewege mit gespanntem Faden den Stift auf dem Brett: So erhältst du eine Ellipse. Die beiden Nadeln bilden die „Brennpunkte". Nach dem ersten Gesetz von Kepler kreisen die Planeten auf einer elliptischen Bahn um die Sonne. Die Sonne liegt dabei in einem der Brennpunkte.*

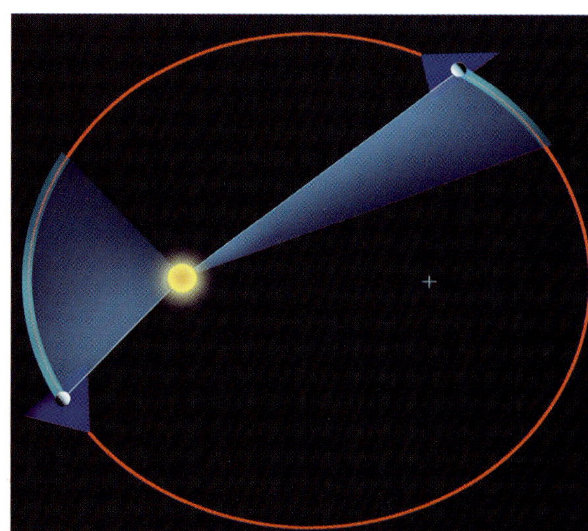

# der Renaissance

Mit seinen Fernrohren entdeckte Galilei nicht nur, dass die Venus Phasen wie der Mond hat, sondern auch, dass sie als Sichel größer erscheint, als als „Vollvenus". Dies lässt sich nur dadurch erklären, dass die Venus dichter um die Sonne kreist als die Erde.

## Galileo Galilei

Galilei war ein bekannter italienischer Gelehrter. Bei einem seiner Besuche in Venedig kommt ihm zu Ohren, dass holländische Handwerker ein neues Instrument entwickelt haben: ein Fernrohr. 1609 richtet er es als einer der Ersten auf den Himmel. Und was er sah war unglaublich: Der Mond hat Krater und Gebirge, die Sonne hat Flecken. Somit sind die Gestirne also nicht perfekte Körper, wie man seit der Antike glaubte. Galilei entdeckt auch die vier größten Monde, die um Jupiter kreisen. Sie sind der Beweis dafür, dass sich nicht alle Himmelskörper um die Erde drehen. Schließlich entdeckt er noch, dass die Venus wie der Mond so genannte Phasen hat, also mal voll, mal zu- oder abnehmend ist. Außerdem erscheint der Planet als Sichel wesentlich größer, als wenn er als volle Scheibe zu sehen ist. Das beweist, dass er sich dichter an der Sonne befindet als die Erde.

## Der Prozess

All diese Beobachtungen überzeugen Galilei davon, dass Kopernikus Recht hatte. Galilei wagt es seine Beobachtungen zu veröffentlichen. Da er behauptet, dass Dinge der göttlichen Schöpfung – Mond und Sonne – nicht perfekt sind, zieht er den Zorn von Kirche und Papst auf sich. In einem großen Prozess musste er seinen Ideen abschwören. Die Kirche rehabilitierte ihn erst 1992!

Der Prozess Galileis: Für die Kirche war der Mensch die Krönung der Schöpfung Gottes. Wie sollte man sich also vorstellen, dass die Erde nicht im Zentrum des Universums lag?

# Im Zeitalter

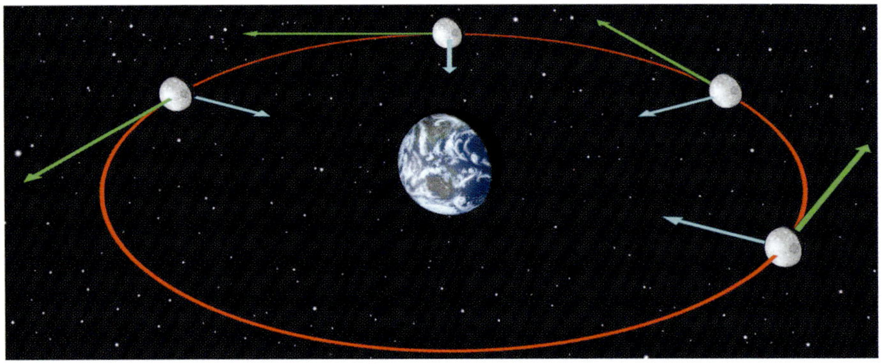

*Newton glaubte, dass der Mond sich eigentlich auf einer geraden Bahn von uns entfernen müsste. Da dies nicht der Fall ist, muss ihn eine Kraft zurückhalten: die Schwerkraft.*

***Der Engländer Isaac Newton war wahrscheinlich eines der größten Genies aller Zeiten. Er entdeckte unter anderem, dass die Kraft, die die Planeten in eine Kreisbahn um die Sonne zwingt, dieselbe ist, wie die Schwerkraft, die den Körpern auf der Erde ein Gewicht verleiht.***

## Aktion und Reaktion

Newton entdeckt, dass jeder Kraft eine Kraft in entgegengesetzter Richtung entspricht. Aufgrund dieses Gesetzes fliegt eine Rakete: Die Kraft, mit der das Gas hinten ausgestoßen wird, schafft eine ebenso starke Gegenkraft, die die Rakete nach vorne treibt.

## Weiß oder farbig?

Newton setzt sich auch intensiv mit dem Licht auseinander. Um 1672 beobachtet er, dass weißes Licht, das durch ein Prisma gelenkt wird, in viele Farben aufgeteilt wird: in die Farben des Regenbogens.

## Anziehungskräfte überall

Der Legende nach geht Newton in seinem Obstgarten spazieren, als plötzlich ein Apfel vom Baum fällt … In diesem Moment fragt er sich, ob die Kraft, die einen Apfel zu Boden fallen lässt, nicht dieselbe sei, die den Mond in seiner Bahn um die Erde hält. Newton leitet daraus ein Gesetz ab, das noch heute gilt: das Gesetz der Gravitation. Es besagt, dass sich alle Körper gegenseitig anziehen. Die Anziehungskraft oder Gravitationskraft ist abhängig von der Masse der Körper, d. h. von der Menge an Materie, die diese besitzen. Diese Kraft bestimmt alle Bewegungen im Universum. Sie sorgt dafür, dass der Mond sich um die Erde dreht und die Planeten um die Sonne. Sie verhindert, dass die Sterne aus den Galaxien fliegen, und sorgt dafür, dass wir mit beiden Beinen auf der Erde stehen.

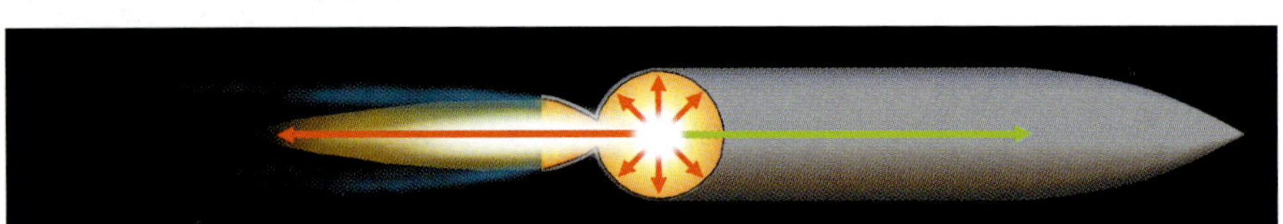

# der Aufklärung

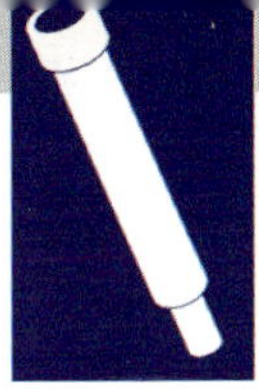

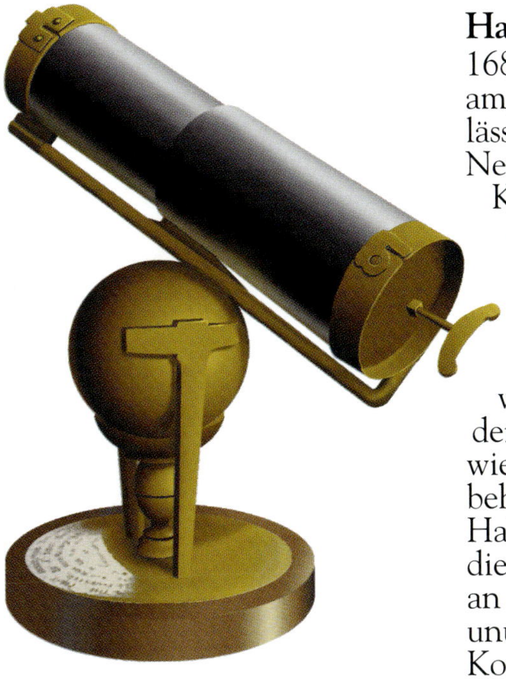

Das Teleskop von Newton

## Halley und der Komet

1682 erscheint ein Komet am Himmel. Edmond Halley lässt sich von den Theorien Newtons leiten (denn auch die Kometen bewegen sich kraft der Gravitation um die Sonne) und errechnet, dass dies derselbe Komet sein muss, der bereits 1531 und 1607 beobachtet wurde. Er sagt voraus, dass der Komet 76 Jahre später wiederkehren werde und behielt Recht. Doch weder Halley noch Newton erleben diese Wiederkehr. Von nun an ist das Gravitationsgesetz unumstritten. Der berühmte Komet trägt seitdem den Namen Halley.

## Das Spiegelteleskop

Newton entwickelt ein neues Teleskop mit Spiegeln statt Linsen. Heute sind alle großen Instrumente Spiegelteleskope.

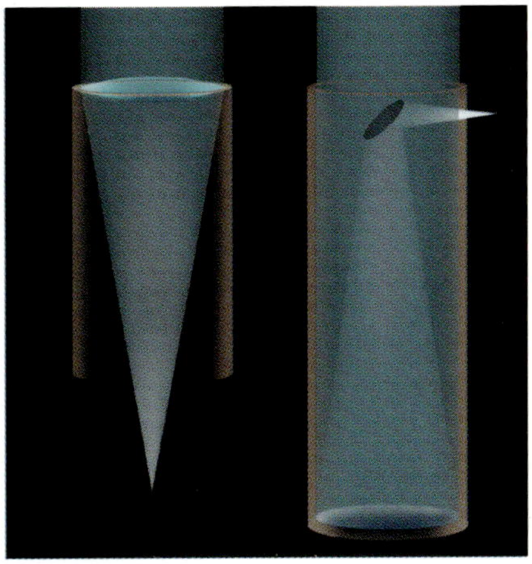

*Das Licht, das in ein Spiegelteleskop fällt, wird von einem großen und einem kleinen Spiegel reflektiert und zum Auge transportiert.*

*Newton verstand auch, dass die Gezeiten mit der Gravitation zusammenhängen. Sie verdanken ihre Existenz der Anziehung von Mond und Sonne: Wenn Sonne und Mond in einer Reihe mit der Erde stehen (links), ziehen sie besonders viel vom Wasser der Ozeane an. Es kommt zu einer so genannten Springflut. Stehen sie nicht in einer Reihe (rechts), ist die Flut dagegen normal.*

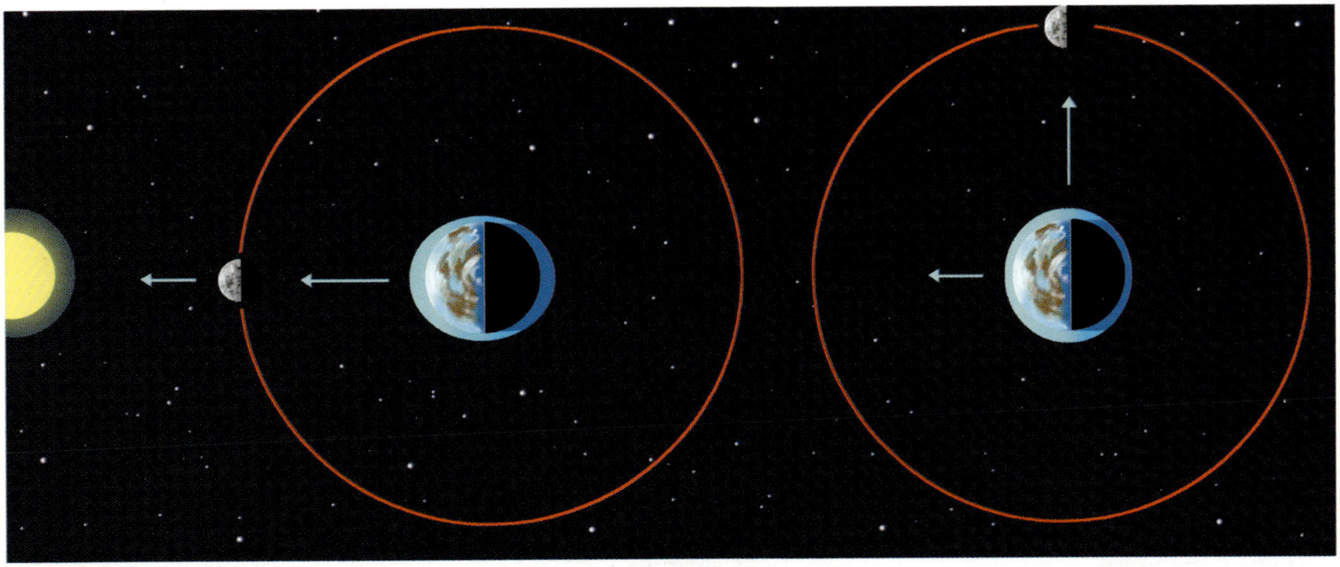

# Der Neuzeit

***Im 18. und vor allem im 19. Jahrhundert entwickelten sich die Wissenschaften rasch weiter. Die Astronomen entdeckten zwei neue Planeten, die um die Sonne kreisen. Chemiker begannen, das Geheimnis der Materie zu lüften.***

## Der siebte Planet!

In den 70er Jahren des 17. Jahrhunderts beginnt der deutschstämmige Engländer Wilhelm Herschel, ein astronomiebegeisterter Musikprofessor, immer größere Teleskope zu bauen. Sein Rekord: ein riesiges Spiegelteleskop von 1,2 m Durchmesser. Mit ihm macht Herschel im März 1781 eine sehr wichtige Entdeckung: Man glaubte damals, dass sechs Planeten (Merkur, Venus, Erde, Mars, Jupiter und Saturn) um die Sonne kreisen. Herschel stößt auf einen siebten, der zu weit weg ist, als dass man ihn mit bloßem Auge entdecken könnte. Er wird wie die anderen Planeten nach einem römischen Gott benannt: Uranus.

## Die Berechnung triumphiert

Die Entdeckung des Uranus erregt die Gemüter. Bald stellt man fest, dass die Flugbahn des Uranus nicht rund verläuft, sondern von etwas gestört wird. Diese Störung kann durch einen anderen Planeten verursacht werden! Wer entdeckt ihn als Erster? Während seine Kollegen den Himmel mit immer größeren Instrumenten absuchen, rechnet der Franzose Urbain Le Verrier an seinem Schreibtisch. Er untersucht geduldig die Störungen in der Bahn des Uranus. Mithilfe der Gleichung Newtons sagt er dann vorher, wo sich der vermutete Planet befinden soll. Im September 1846 teilt er die errechnete Position dem Deutschen Johann Galle mit, der den Planeten am selben Abend an der angegebenen Stelle entdeckt! Man tauft ihn nach dem römischen Gott der Meere: Neptun. Zum ersten Mal ist die Berechnung der Beobachtung voraus.

*Bei der Konstruktion seines Teleskops mit 1,2 m Durchmesser ließ sich Herschel vom Schiffsbau inspirieren.*

# entgegen

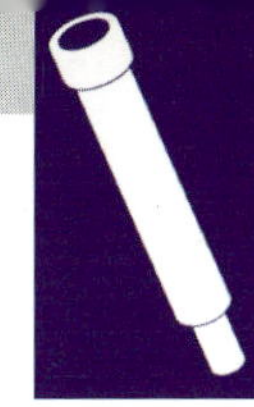

*Die Abbildung zeigt ein stark vereinfachtes Schema*

| | | | | | | | | | | | | | | | | | |
|---|---|---|---|---|---|---|---|---|---|---|---|---|---|---|---|---|---|
| H | | | | | | | | | | | | | | | | | He |
| Li | Be | | | | | | | | | | | B | C | N | O | F | Ne |
| Na | Mg | | | | | | | | | | | Al | Si | P | S | Cl | Ar |
| K | Ca | Sc | Ti | V | Cr | Mn | Fe | Co | Ni | Cu | Zn | Ga | Ge | As | Se | Br | Kr |
| Rb | Sr | Y | Zr | Nb | Mo | Tc | Ru | Rh | Pd | Ag | Cd | In | Sn | Sb | Te | I | Xe |
| Cs | Ba | La | Ce | Pr | Nd | Pm | Sm | Eu | Gd | Tb | Dy | Ho | Er | Tm | Yb | Lu | |
| | | | Hf | Ta | W | Re | Os | Ir | Pt | Au | Hg | Tl | Pb | Bi | Po | At | Rn |
| Fr | Ra | Ac | Th | Pa | U | Np | Pu | Am | Cm | Bk | Cf | Es | | | | | |

*Elemente, Atome: Chemiker benutzen heute das Periodensystem der chemischen Elemente, das der Russe Dimitri Iwanowitsch Mendelejew im 19. Jahrhundert entwickelt hat. Er hatte alle bekannten Elemente nach ihren Eigenschaften geordnet. Er konnte damals selbst die Eigenschaften noch unbekannter Elemente voraussagen. Sie wurden in den folgenden Jahren gefunden und bestätigten Mendelejews Klassifizierung.*

**Die Elemente**
Die Griechen stellten sich vor, dass die ganze sie umgebende Materie aus nur vier natürlichen Elementen bestünde: Wasser, Erde, Luft und Feuer. Im 18. Jahrhundert entdeckt man jedoch, dass Luft selbst aus zwei Grundstoffen besteht: Stickstoff und Sauerstoff. Stickstoff und Sauerstoff gehören zu den chemischen Elementen.

**Das Licht der Sterne**
Die Laboratorien befinden sich bald in heller Aufregung. Man stellt fest, dass chemische Elemente durch starke Erhitzung ein charakteristisches Licht aussenden. Mit dessen Hilfe können sie identifiziert werden (dies gilt nicht nur für Stickstoff und Sauerstoff, sondern auch für alle anderen Elemente wie Aluminium, Kalzium und Gold). Kann man also an der Farbe der Sterne erkennen, aus welchen Elementen sie bestehen?

**Das Periodensystem**
In den folgenden Jahren entdecken die Wissenschaftler immer mehr Elemente. Sie stellen fest, dass bestimmte Elemente ähnlich reagieren, so als gehörten sie zu einer gemeinsamen „Gruppe“. 1869 ordnete der Russe Dimitri Iwanowitsch Mendelejew alle Elemente nach ihren Eigenschaften in verschiedene Gruppen. Das Ergebnis nennt man das Periodensystem der Elemente. Von nun an kann man auch die Existenz bis dahin unbekannter Elemente vorhersagen.

# Vom Kleinsten

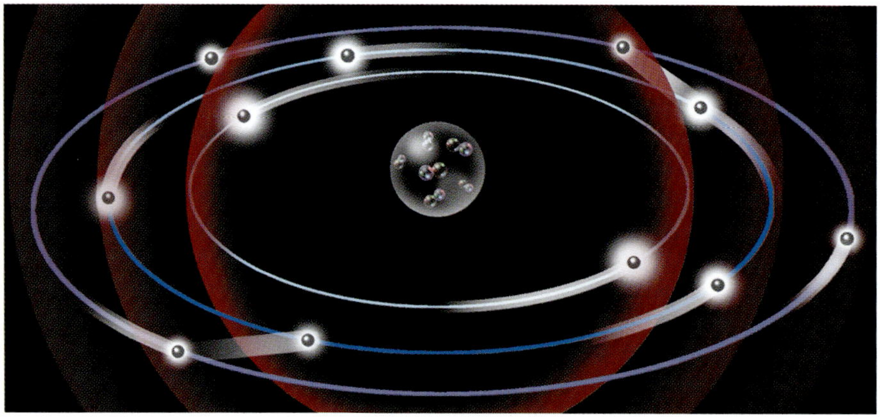

*Vor Beginn des 20. Jahrhunderts glaubte man, dass die Atome die kleinsten Teilchen seien. In Wirklichkeit besteht ein Atom aber aus einem Kern (in der Mitte) und Elektronen, die um ihn herumkreisen. Der Kern besteht aus Protonen und Neutronen, die wiederum aus Quarks bestehen.*

***Woraus besteht Materie? Wie funktionieren die Sterne? Diese Fragen beantwortete die Wissenschaft erst im Laufe des 20. Jahrhunderts.***

## Die Materie

Heute weiß man, dass alle Materie sich aus winzig kleinen Atomen zusammensetzt. Ein Atom ist etwa ein zehnmillionstel Millimeter groß und besteht wiederum aus noch kleineren Teilchen. Chemische Elemente sind rein, d. h. sie bestehen nur aus einem Typ von Atomen. Die einfachsten und leichtesten Atome hat Wasserstoff (der Buchstabe H im Periodensystem von Mendelejew). Helium (He) steht an zweiter Stelle. Die beiden Elemente kommen auch am häufigsten im Kosmos vor: Sie bilden etwa 98% aller Atome! Wasserstoff und Helium sind außerdem sehr alt. Wissenschaftler gehen davon aus, dass es sie seit der Entstehung des Universums gibt.

## Kinder der Sterne

Fast alle anderen Atome im Universum sind durch die Verschmelzung von Helium und Wasserstoff entstanden. Diese Fusion kann nur bei extrem hohen Temperaturen und großem Druck stattfinden. Es gibt nur einen Ort an dem diese Bedingungen herrschen: im Inneren der Sterne. Durch die Fusion von Helium und Wasserstoff leuchten sie. Genau genommen sind also alle anderen Atome, wie z. B. der Kohlenstoff, der der wichtigste Bestandteil unseres Körpers ist, in den Sternen entstanden. Wir sind also Kinder der Sterne!

## Die kosmische Weite

Um die Sterne besser zu verstehen, können die

*Die Atombombe setzt Energie nach demselben Prinzip frei wie die Sterne: der Kernverschmelzung. Eine einzige Explosion erzeugt so viel Hitze und Druck, dass ganze Regionen verwüstet werden können.*

# zum Größten

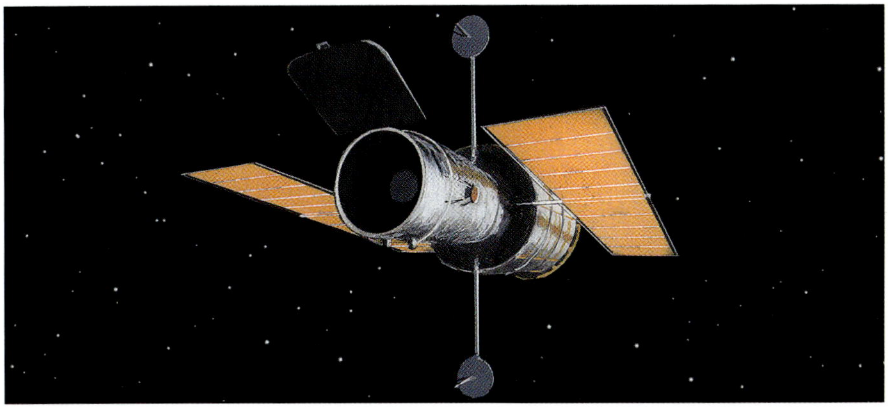

So unglaublich groß, dass unsere üblichen Längenmaße, Meter und Kilometer, nicht mehr ausreichen. Man erfand daher eine neue Entfernungseinheit: das Lichtjahr. Ein Lichtstrahl bewegt sich im leeren Kosmos mit der enormen Geschwindigkeit von 300 000 km pro Sekunde. Ein Lichtjahr gibt an, wie viel km das Licht in einem Jahr zurücklegt. Das sind etwa 10 000 Milliarden km (10.000.000.000.000 km!) Der nächste Stern ist vier Lichtjahre von uns entfernt.

Astronomen nur eines tun: ihr Licht beobachten, das bei uns ankommt. Dafür brauchen sie immer größere und stärkere Teleskope, die auch schwaches Licht aus den Tiefen des Universums einfangen können. Und das Universum ist riesig!

*Um noch weiter in das Universum schauen zu können brauchen die Astronomen immer größere Instrumente. Sie können auf der Erde aufgebaut sein (unten) oder aber um die Erde kreisen wie das Weltraumteleskop Hubble (oben). 1990 wurde es von der amerikanischen Weltraumorganisation NASA in seine Umlaufbahn gebracht.*

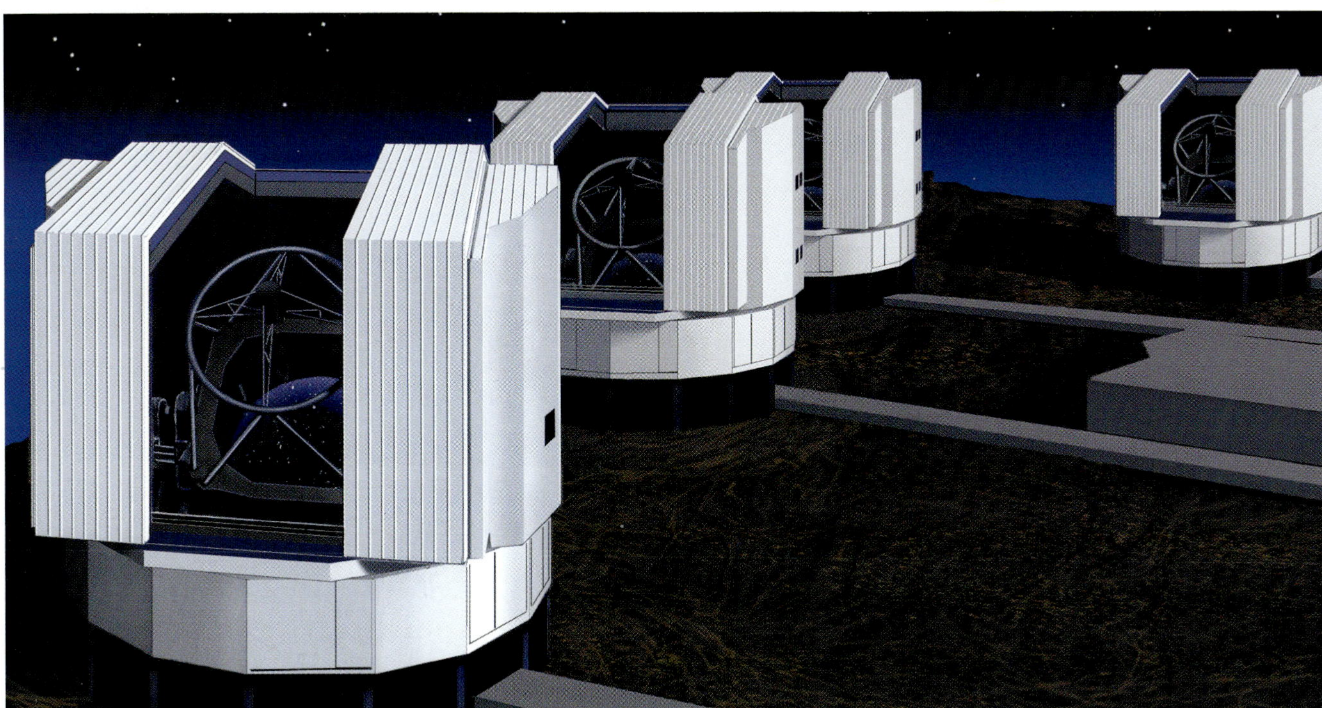

# Woraus

***Das Licht ist für die Astronomen sehr wertvoll: Es ist ihre einzige Verbindung zu den Sternen. Aber was ist das Licht eigentlich? Sein Verhalten ist manchmal sehr überraschend.***

## Wellen und Teilchen

Wie kann man das Licht beschreiben? Es besteht aus Wellen, die sich verbreiten wie die Wellen auf dem Meer. Aber Licht besteht auch aus winzigen Teilchen, den Photonen, die von der Oberfläche der Dinge abprallen. So stoßen die Photonen

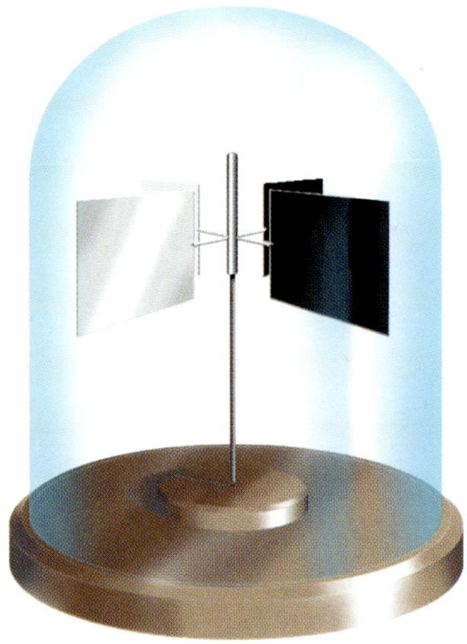

z. B. die Flügel dieser Sonnenmühle an und bringen sie zum Drehen (oben).

## Regenbogenfarben

Seit Newton weiß man, dass weißes Licht sich aus farbigem Licht zusammensetzt – und zwar aus Rot, Orange, Gelb, Grün, Blau und Violett. Dieses gemischte Licht bildet das für das menschliche Auge sichtbare Licht. Aber es gibt noch andere Lichtarten (oder besser: Strahlungen), die dem Auge verborgen bleiben. Das sichtbare Licht ist nur ein kleiner Teil der Strahlung, die von den Sternen zu uns gelangt.

*Sichtbares, ultraviolettes und infrarotes Licht: Unterschiedlichste Strahlungen treffen uns aus dem Universum. Die Erdatmosphäre filtert einen großen Teil davon heraus.*

# besteht Licht?

**Unsichtbares Licht**
Infrarot-Strahlung, Radiowellen, ultraviolette Strahlen, Röntgenstrahlen und Gamma-Strahlen sind unsichtbar. Zwar bezeichnet man sie meistens als Strahlen oder elektromagnetische Wellen, aber sie sind trotzdem Licht. Was unterscheidet sie vom sichtbaren Licht? Alles ist eine Frage der Wellenlänge. Damit du es dir leichter vorstellen kannst, nimm die Zeichnung rechts oben zu Hilfe. Wie die Wellen auf dem Meer sind die Wellen der Strahlungen mal kürzer und mal länger. Die Wellenlänge von Infrarot-Strahlen und von Radiowellen ist länger als die des sichtbaren Lichts. Die des ultravioletten Lichts, der Röntgenstrahlen und der Gamma-Strahlen ist dagegen kürzer. Unser Auge ist nur für den Wellenlängenbereich des sichtbaren Lichts empfindlich. Wir sehen deshalb nur dieses und den Rest der Strahlung nicht.

**Ein wirksamer Schutzschild**
Viele der unsichtbaren Strahlen sind schädlich für den Menschen. Glücklicherweise filtert die Atmosphäre viele der aus dem Kosmos kommenden Strahlen heraus.

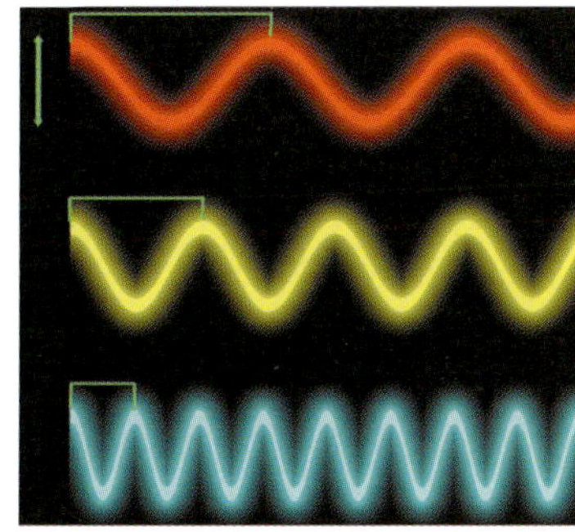

*Alle Wellen sind durch die Wellenlänge, d. h. den Abstand zwischen zwei Wellenbergen, charakterisiert.*
*Rotes Licht hat eine größere Wellenlänge als gelbes und blaues Licht.*
*Längere Wellen als „Rot“ und kürzere als „Blau“ sind für unser Auge unsichtbar.*

# Die Ausdehnung

Das Teleskop auf dem Mount Palomar war lange Zeit das größte der Welt. Auch Edwin Hubble beobachtete damit die Galaxien.

## Die Entdeckung anderer Galaxien

1924 entdeckt der Amerikaner Edwin Hubble mit einem neuen Teleskop vom Mount Wilson aus eine andere Galaxie: Einen weit entfernten Lichtfleck, den man für einen Nebel in unserer Milchstraße hält, löst er in einzelne Sterne auf. Das ist der Beweis dafür, dass dieser Lichtfleck eine Galaxie wie die unsere ist und aus Milliarden von einzelnen Sternen besteht. Bald macht Hubble weitere Nebel als Sterneninseln aus: Unsere Galaxie, die Milchstraße, ist nicht mehr allein!

***Seit den 20er Jahren des letzten Jahrhunderts machen die Astronomen mit riesigen Teleskopen unglaubliche Entdeckungen: Das Universum ist in Bewegung. Und es existierte nicht schon immer.***

## Eine große Debatte

In den 20er Jahren des letzten Jahrhunderts sind die Meinungen noch gespalten. Manche Astronomen glauben, dass unsere Galaxie, die Milchstraße, riesig ist und das gesamte Universum bildet. Andere glauben, dass es eine Fülle von Galaxien gibt, die unserer ähneln. Wer hat Recht?

*Die Sirene eines Krankenwagens erscheint uns höher, wenn das Auto sich nähert, und tiefer, wenn es sich entfernt. Dieser Effekt heißt Dopplereffekt. Man kann ihn auch für das Licht beobachten. Das Licht einer gelben Galaxie, die sich von uns entfernt (rechts), erscheint nach Rot verschoben. Das Licht einer Galaxie, die sich uns nähert (links), erscheint nach Blau verschoben (ihr Licht hat eine kurze Wellenlänge, d.h. eine hohe Frequenz). Das Licht einer Galaxie, die sich im Verhältnis zur Erde nicht bewegt (Mitte), wird auch nicht verschoben und bleibt gelb.*

# des Universums

## Die Flucht der Galaxien

Hubble gibt sich mit diesen Forschungsergebnissen nicht zufrieden. Er stellt bald fest, dass das Licht dieser Galaxien „zu rot“ ist. Anders gesagt: Es ist hin zu einer größeren Wellenlänge verschoben (s. S. 22/23). Die Wissenschaftler kannten dieses Phänomen, den Dopplereffekt, bereits: Die Wellen erscheinen kürzer, wenn die Quelle des Lichts auf uns zukommt und länger (also „röter“) wenn sie sich von uns entfernt. Hubble folgert daraus, dass sich die Galaxien von uns wegbewegen. Besser noch: Je weiter weg sie sind, umso schneller entfernen sie sich. Das war der Beweis dafür, dass sich das Universum ausdehnt.

## Die Ausdehnung

Die Ausdehung des Universums kommt den Wissenschaftlern, die Modelle des Universums entwickeln, sehr gelegen. Sie stellen nämlich ebenfalls fest, dass irgendetwas nicht stimmt. Sie können ihre Gleichungen immer neu aufstellen: Sobald sie ein unbewegtes Universum annehmen, gehen ihre Gleichungen nicht auf.

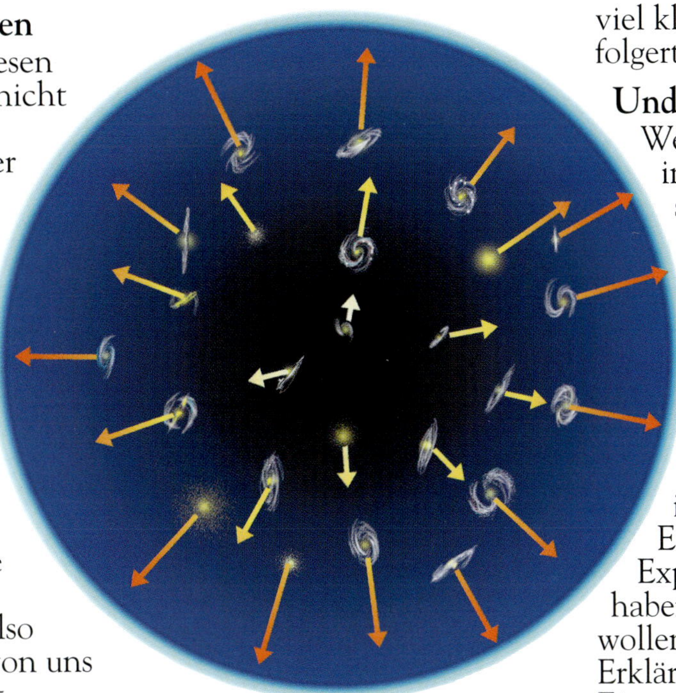

*Die Ausdehung des Weltalls: Je weiter weg die Galaxien sich befinden, desto schneller entfernen sie sich.*

## Zurück zu den Anfängen

Edwin Hubble beobachtet sein Leben lang Galaxien. Er erbringt den Beweis dafür, dass sich das Universum ausdehnt. Kurz nach dieser Entdeckung tritt der belgische Astronom, Mathematiker und Priester Georges Lemaître auf. Er glaubt bereits an die Ausdehnung des Universums und stellt sich nun vor, wie das Universum lange Zeit zuvor ausgesehen haben muss. Wenn sich das Universum heute ausdehnt, muss es früher viel kleiner gewesen sein, folgert er.

## Und es wurde Licht!

Wenn man immer weiter in der Zeit zurückgeht, sagt Lemaître, kommt man zu einem Punkt, an dem alle Materie des Universums an einer sehr dichten und heißen Stelle zusammengeballt ist. Aber wie wurde diese konzentrierte Masse in Bewegung gesetzt? Es muss eine riesige Explosion stattgefunden haben. Viele Astronomen wollen diese verblüffende Erklärung nicht glauben. Einer von ihnen nannte sie im Scherz „big bang“ (großer Knall). Im Deutschen wurde daraus der „Urknall“.

*Das Teleskop auf dem Mount Palomar*

# Die Geburt des Universums

***Fast alle Astronomen glauben heute daran, dass das Universum in einem big bang, einem Urknall, geboren wurde und sich seitdem ausdehnt. Aber keiner weiß, wann dieser Urknall stattgefunden hat und wie alt das Universum ist.***

## Wann?

Das ganze Universum entstand mit dem Urknall: die Materie, das Licht, die Energie, ja sogar Raum und Zeit. Aber wann war das? Wie alt ist das Universum? Für die Astronomen ist es sehr schwer, das genau herauszufinden. Sie sind sich aber einig, dass das Universum zwischen 12 und 17 Milliarden Jahre alt ist. Vielleicht sind es 15 Milliarden Jahre. 15 Milliarden Jahre sind viel (15 000 000 000 Jahre)! Zum Vergleich: Die Erde und die Sonne sind etwa fünf Milliarden Jahre alt und die ersten Menschen entwickelten sich vor über zwei Millionen Jahren. Stellen wir uns vor, die Entstehung der Welt sei auf ein Jahr vom 1. Januar bis zum 31. Dezember zusammengefasst. Die ersten Menschen würden erst wenige Minuten vor Mitternacht am 31. Dezember erscheinen!

## Wie alt?

Man weiß nicht genau, wie alt das Universum ist. Sein Alter hängt vor allem von seiner Ausdehnungsgeschwindigkeit ab. Doch diese Geschwindigkeit ist sehr schwierig zu berechnen: Man muss den Abstand und die Fluchtgeschwindigkeit der am weitesten entfernten Galaxien feststellen. Dann kann man ausrechnen, wann alle Materie an einer Stelle vereint war.

## Wo?

Weil man die Galaxien von der Erde aus beobachtet, meint man, sie entfernten sich nur von uns. Sie entfernen sich jedoch auch voneinander, wie in einem sich ständig ausdehnenden Ballon! Die Erde ist nicht im Zentrum der Bewegung. Es gibt kein Zentrum. Wo der Urknall stattgefunden hat? Überall!

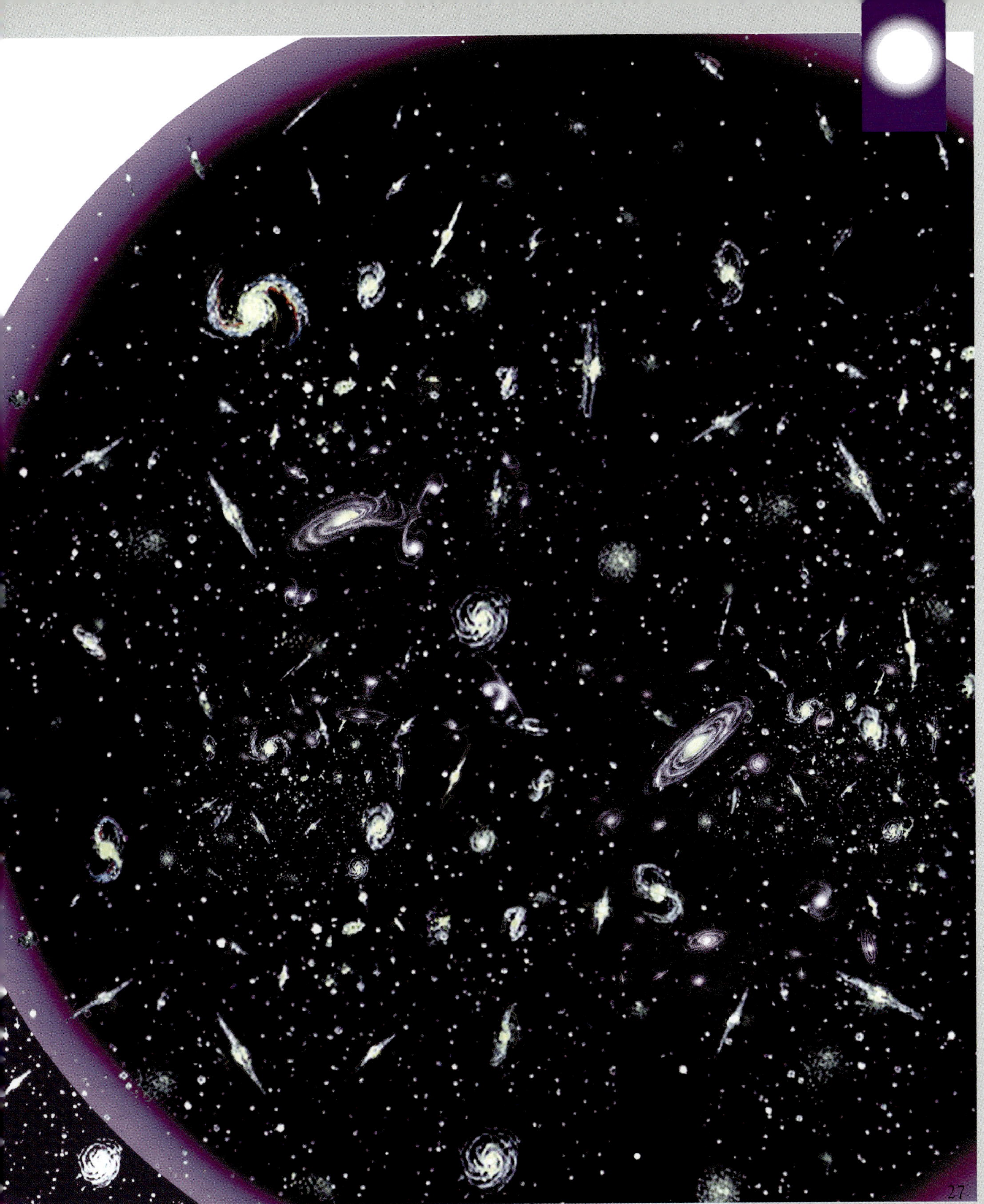

# Von Teilchen

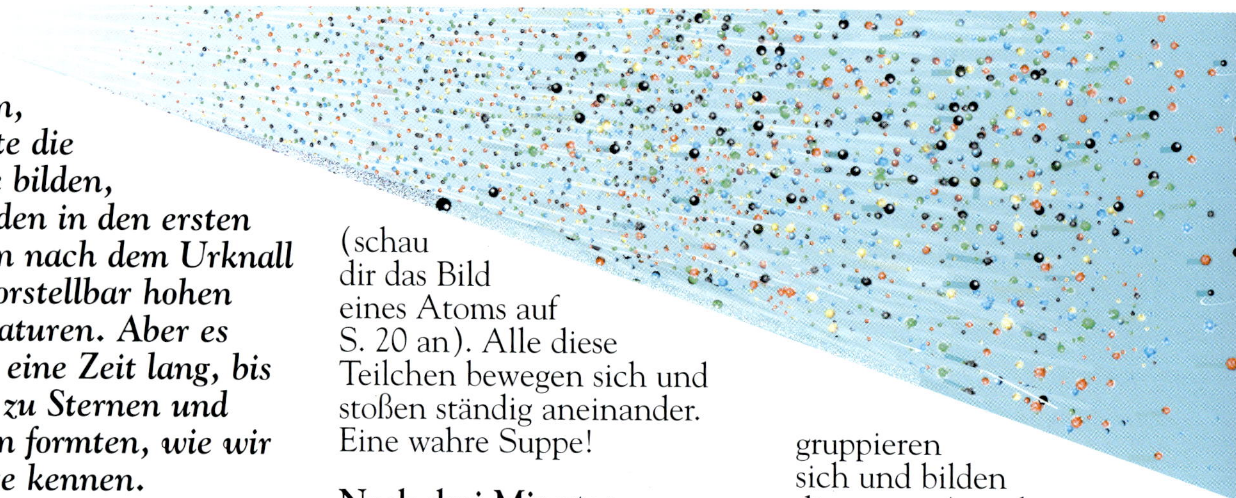

***Alle Teilchen, die heute die Materie bilden, entstanden in den ersten Minuten nach dem Urknall bei unvorstellbar hohen Temperaturen. Aber es dauerte eine Zeit lang, bis sie sich zu Sternen und Galaxien formten, wie wir sie heute kennen.***

## Konzentrierte Energien

Bei seiner Entstehung war das Universum ein Konzentrat aus Energie. Es war sehr heiß, seine Temperatur überschritt Milliarden von Milliarden von Milliarden Grad! Es begann sofort sich auszudehnen und gleichzeitig abzukühlen. Das Universum existierte noch keine Sekunde, da bildeten sich die ersten Teilchen: Photonen (Lichtteilchen), Quarks und Elektronen.

## Die erste Sekunde

Das Universum dehnte sich schnell aus und kühlte schnell ab. Die Temperatur sank auf 1000 Milliarden °C (was immer noch sehr heiß ist). Doch die erste Sekunde war noch nicht vorbei. Die Quarks hatten noch genug Zeit, sich in Dreiergruppen zusammenzuschließen. So bildeten sie Protonen und Neutronen (schau dir das Bild eines Atoms auf S. 20 an). Alle diese Teilchen bewegen sich und stoßen ständig aneinander. Eine wahre Suppe!

## Nach drei Minuten

Das Universum hat seine erste Sekunde hinter sich. Die Temperatur nimmt weiterhin ab. Sie sinkt auf 10 Milliarden °C. Protonen und Neutronen gruppieren sich und bilden die ersten Atomkerne. Es sind hauptsächlich Atomkerne der leichtesten Elemente: Wasserstoff und Helium. Das Universum ist jetzt erst drei Minuten alt.

*Die Quarks sind die kleinsten heute bekannten Elementarteilchen. Sie schließen sich zu Dreiergruppen zusammen. Die Kraft, die sie zusammenhält, ist die stärkste, die es gibt. Bis heute hat noch kein Teilchenbeschleuniger die Energie aufgebracht, die nötig ist, um die Bindung der Quarks aufzulösen.*

# zu Sternen

### Die ersten Atome

Das Schwerste ist geschafft. Die folgende Zeitspanne ist viel ruhiger ... und viel länger. Sie dauert 300 000 Jahre. In dieser Zeit bewegen sich Photonen, Elektronen und Atomkerne, ohne dass sich etwas Nennenswertes dabei bildet.

*Ein Proton mit positiver elektrischer Ladung und ein Neutron ohne Ladung bilden zusammen den einfachsten aller Atomkerne: den des Wasserstoffs. Das Wasserstoffatom ist vollständig, wenn das Proton mit seiner positiven elektrischen Ladung ein Elektron mit negativer Ladung anzieht. Das Elektron beginnt dann um den Kern zu kreisen.*

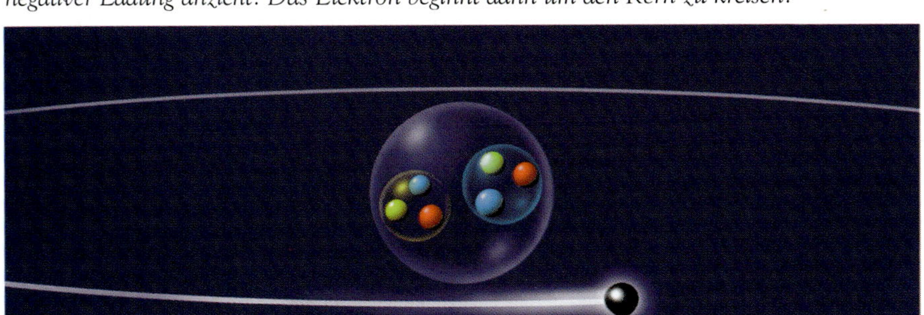

Schließlich verbinden sich Elektronen und Atomkerne zu den ersten richtigen Atomen. Wasserstoff, Helium, Lithium und Beryllium entstehen.

Das Universum dehnt sich weiterhin aus und kühlt ab. Aus dem Urnebel der ersten Atome bilden sich bald Galaxien und Sterne.

# Die Vielfalt

*Lange glaubte man, dass die Sterne alle gleich weit von der Erde entfernt seien. Man stellte sie sich als an einer Himmelskuppel befestigt vor.*

*Im 16. Jahrhundert wagte der Astronom Giordano Bruno als erster zu behaupten, dass die Sterne weit entfernte Sonnen sein könnten. Als gottlos verurteilt, kosteten ihn seine revolutionären Ideen das Leben.*

**Verschiedene Größen**

Das Innere eines Sterns ähnelt einem gewaltigen Atomreaktor, in dem die Elemente (vor allem Wasserstoff) verschmelzen und dabei Licht und Wärme freisetzen. Daher leuchten die Sterne. Die so genannten Überriesen leuchten mindestens 5000-mal so hell wie die Sonne, die Riesen 100-mal. Zwergsterne leuchten meistens schwächer als die Sonne. Diese Helligkeitsunterschiede hängen fast immer mit der Größe der Sterne zusammen.

*Von weitem ist die Sonne ein kleiner Stern. An der Seite von Überriesen und Riesen wirkt sie winzig. Der Überriese Beteigeuze ist der hellste Stern im Sternbild des Orion. In dem gigantischen Stern würde die Sonne viele Millionen Male Platz finden und er leuchtet 20 000-mal so hell wie sie.*

*Heute weiß man nicht nur, dass einige Sterne der Erde sehr nah sind und andere sehr fern, sondern auch, dass manche sehr hell strahlen, andere dagegen schwach, und dass einige sehr klein sind, andere dafür aber riesig groß. Auch haben sie die unterschiedlichsten Farben: Sie leuchten rot, blau, weiß, orange und gelb.*

So genannte Rote Riesen können einen bis zu 1000-fachen Durchmesser der Sonne haben. Während die so genannten Weißen Zwerge kaum so groß sind wie die Erde.

# der Sterne

*Um das Jahr 1910 hatten zwei Astronomen die Idee, die Sterne nach Helligkeit und Temperatur in ein Diagramm einzuordnen. Dieses Diagramm heißt nach den beiden Astronomen „Hertzsprung-Russel-Diagramm". 90 % der Sterne liegen auf einer s-förmigen Kurve. Diese Kurve entspricht dem Lebenslauf eines Sternes. In dieser Zeit verbrennt er seine Wasserstoff-Reserven und wird dabei langsam heller und heißer.*

## Verschiedene Farben

Auch die Farbe der Sterne ist sehr unterschiedlich: Rot, Blau, Gelb, Weiß. Sie hängt von der Temperatur an der Oberfläche ab. Die blauen Sterne haben die heißeste Oberfläche. Die Temperatur übersteigt 30 000 °C.

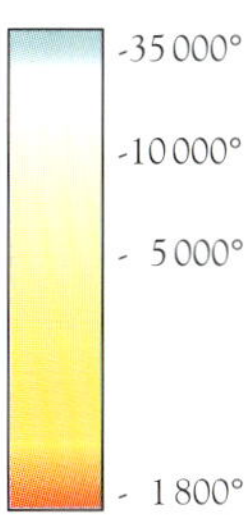


Ein gelber Stern wie die Sonne ist etwa 6000 °C heiß, rote Sterne haben die niedrigste Temperatur. Sie erreichen nur etwa 3000 °C.

## Ordnung im Chaos

Anfang des 20. Jahrhunderts entschließen sich zwei Astronomen (Hertzsprung und Russel) Ordnung in das Durcheinander der Sterne zu bringen. Sie ordnen die Sterne in einem Diagramm nach ihrer Oberflächentemperatur und ihrer Helligkeit ein. Dabei stellen sie fest, dass sich bestimmte Gruppen herausbilden: die Überriesen, die Riesen und die Weißen Zwerge. Fast alle anderen Sterne, darunter auch die Sonne, siedeln sie in der Mitte der s-förmigen Kurve an. Die Astronomen erkennen, dass das Diagramm den Lebenslauf der Sterne darstellt. Die, die ruhig von ihren Wasserstoffreserven leben, sind auf der S-Kurve angesiedelt. Alle anderen, die nicht auf dieser Kurve liegen, sind älter und haben einen Großteil ihres Wasserstoffs verbraucht.

*Die Sonne gehört zu den kleinen Sternen, aber es gibt noch viel kleinere. Neben den Weißen Zwergen, die die Größe von Planeten haben, ist die Sonne ein Riese.*

# Das Leber

Bok Globule

Protoplanetare Scheibe

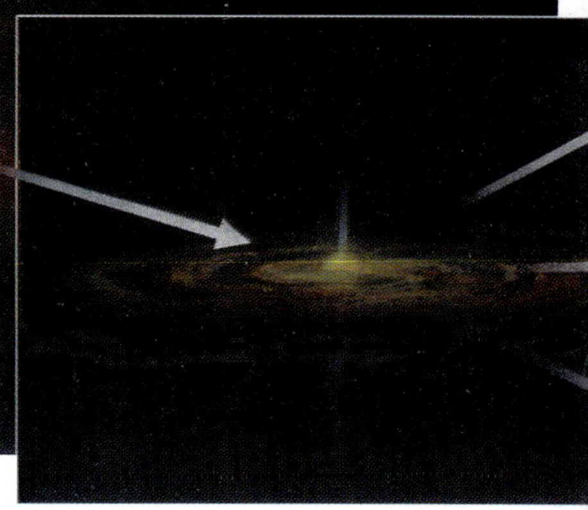

***Sterne bestehen nicht ewig. Wie das Universum – oder wie der Mensch – haben sie eine Geschichte. Sie entstehen, leben länger oder kürzer und sterben schließlich. Unsere Sonne z. B. wird in etwa 5 Milliarden Jahren sterben.***

**Aus dem Nebel**
Die Geburt eines Sterns ist immer noch ein Ereignis voller Geheimnisse. Sie findet in einem Staub- und Gasnebel aus Wasserstoff statt. Die Wolke ist so dicht, dass die Astronomen nicht in sie hineinschauen können. Sie wissen nur, dass sie eines Tages in sich zusammenfällt, sich zu drehen beginnt, nach und nach immer flacher wird und schließlich die Form einer Scheibe annimmt (Protoplanetare Scheibe). Das Zentrum zieht die es umgebende Materie an sich. Es wächst und heizt sich dabei auf. Bald ist die Temperatur so hoch, dass die Wasserstoffkerne fusionieren. Das Sternenfeuer zündet: Ein Stern ist geboren! Während der längsten Zeit seines Lebens wird der Stern von seinen Wasserstoffreserven leben, die er in Helium verwandelt.

**Wie lange lebt ein Stern?**
Alles hängt von der Masse des Sterns ab. Sterne mit großer Masse verbrauchen ihren Wasserstoff sehr schnell und leben einige Millionen Jahre. Sterne mit kleiner Masse sind sparsam mit ihrem Wasserstoff und bestehen bis zu 30 Milliarden Jahren.

Die Sonne, ein Stern mittlerer Masse, wird 10 Milliarden Jahre leben. Da sie schon seit 5 Milliarden Jahren existiert, hat sie die Hälfte ihres Lebens hinter sich.

**Das Ende der Sonne**
Was wird aus der Sonne, wenn ihr in 5 Milliarden Jahren der Wasserstoff ausgeht?

# eines Sterns

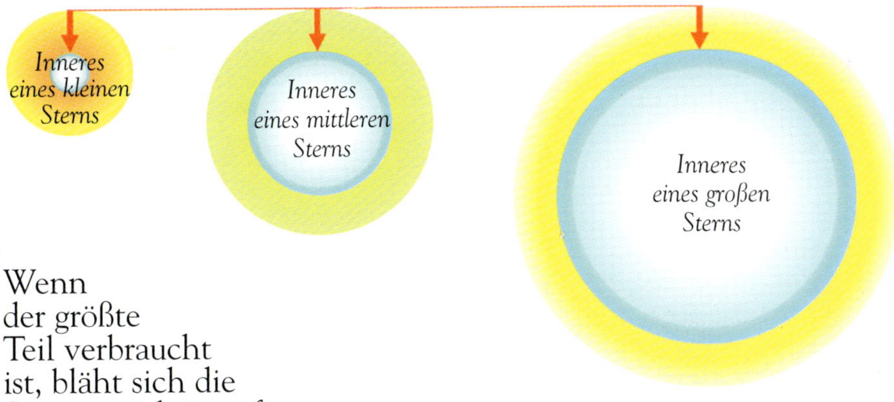


Wenn der größte Teil verbraucht ist, bläht sich die Sonne mächtig auf. Sie wird ein Roter Riese. Ihr Durchmesser wird 100-mal so groß sein wie heute. Sie wird Merkur und Venus verschlucken und auf der Erde große Hitze verbreiten.

Wenn schließlich aller Wasserstoff in Helium verwandelt ist, wird die Sonne das Helium verbrennen und in andere Elemente umwandeln. Aber das schiebt den schicksalshaften Moment nur auf. Neigt sich auch der Heliumvorrat dem Ende zu, wird sie in mehreren Schüben ihren Mantel abstoßen. Dieser wird um sie herum eine Wolke aus Gas und Staub bilden.

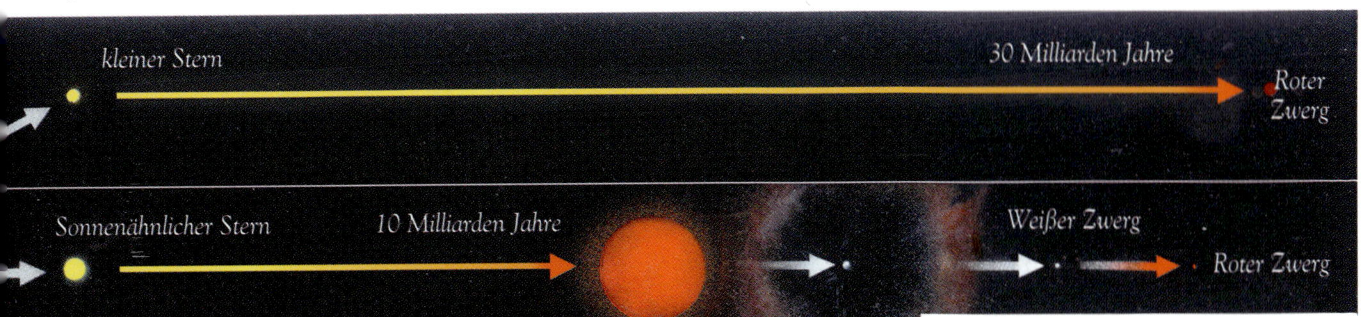


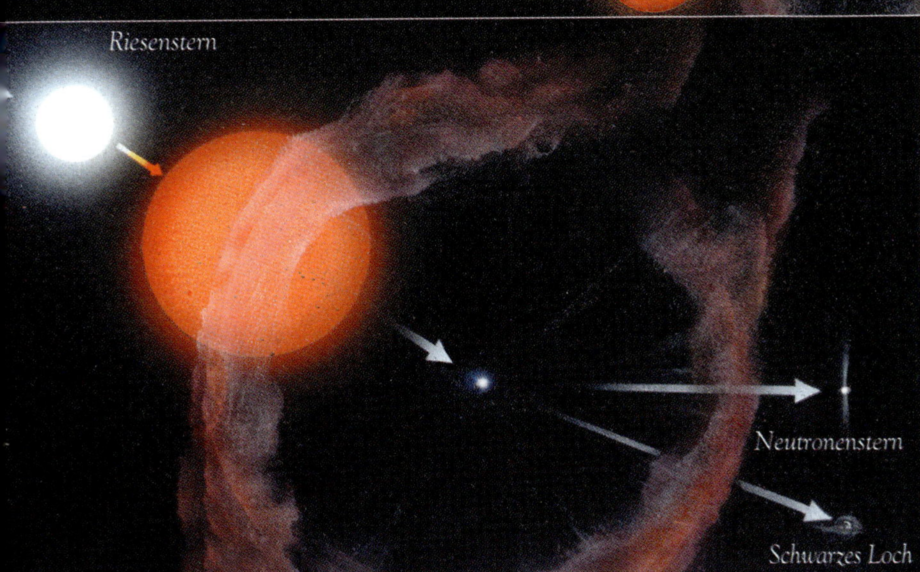


Das Innere der Sonne wird stark zusammengepresst und weiß leuchten. Sie wird zu einem Weißen Zwerg (s. S. 30/31), auf dem die Materie so verdichtet ist, dass ein Teelöffel Materie mehrere Tonnen wiegt. Nach und nach wird sie erlöschen und zum Braunen Zwerg. Das Ende der Sonne erscheint schrecklich, ist aber harmlos gegen das Schicksal von Sternen mit großer Masse.

# Das Ende eines

***Sterne mit großer Masse haben ein noch spektakuläreres Ende: Sie explodieren in einem riesigen Feuerwerk, in einer so genannten Supernova.***

## Eine Supernova

Wenn der Wasserstoff verbraucht und in Helium umgewandelt ist, wird das Innere des Riesensterns zu einem gigantischen Schmelzofen. Das Helium verschmilzt zu größeren Elementen. Diese verbrennen wiederum zu noch größeren. So entsteht eine ganze Reihe neuer Elemente (z. B. Kohlenstoff, Sauerstoff, Eisen). Währenddessen wird das Innere des Sterns immer dichter und die Temperatur steigt bis auf 5 Milliarden °C. Irgendwann sind keine weiteren Reaktionen mehr möglich. Der Kern bricht zusammen, die Hülle des Sterns wird in einer so genannten Supernovaexplosion (1) in das Universum geschleudert. Dabei werden riesige Mengen Licht und Energie freigesetzt. Wenn eine solche Explosion in unserer Nähe stattfindet, erscheint für kurze Zeit ein „neuer Stern“ am Himmel. Daher auch der Name: „Nova“ (lateinisch für „neu“).

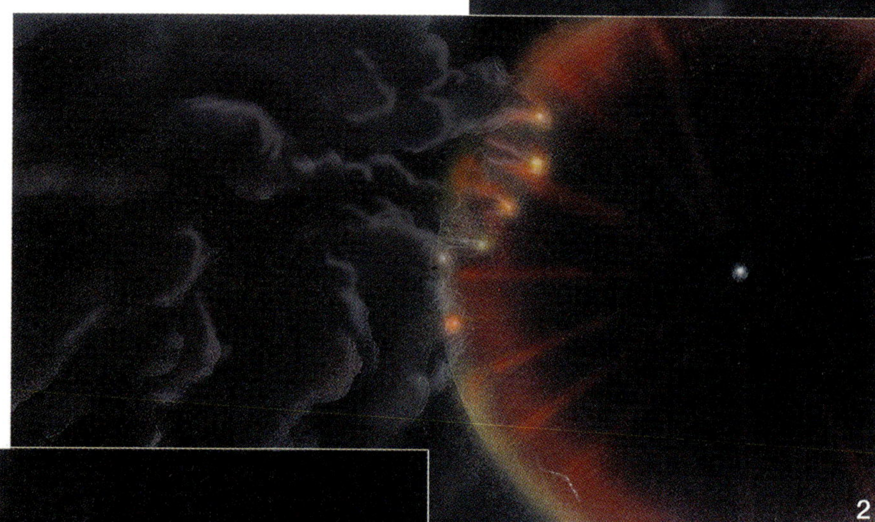

2

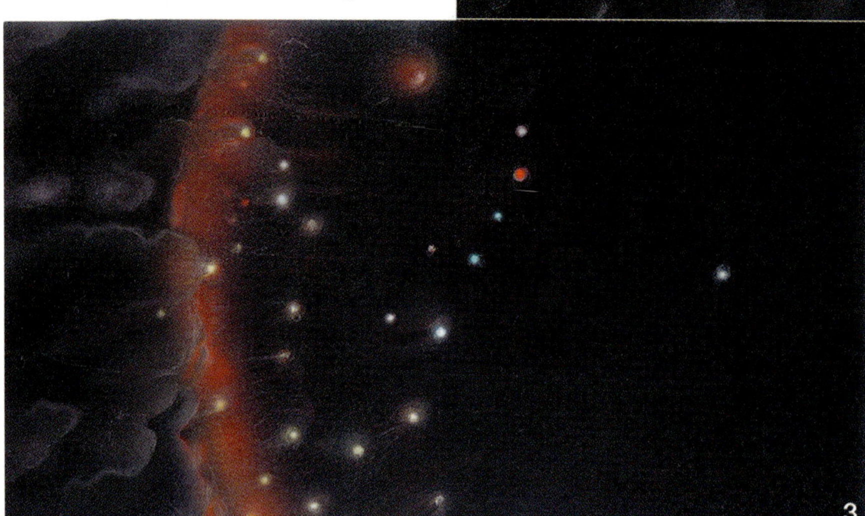

3

## Die Schockwelle

Bei der Explosion einer Supernova bildet sich eine Schockwelle (2), die Gas- und Staubwolken in ihrer Umgebung anstößt. Unter ihrem Einfluss verdichten sich die Wolken und stürzen durch ihr eigenes Gewicht in sich zusammen. In ihrem Zentrum können sich neue Sterne bilden (3). So kann ein

# Riesensterns

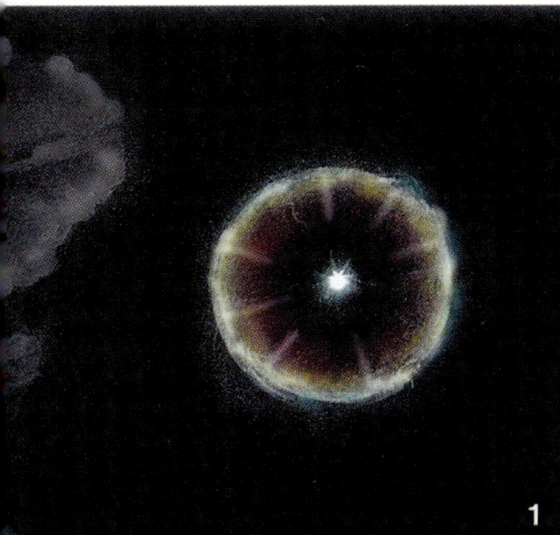

*Die Neutronensterne drehen sich sehr schnell und gleichmäßig um die eigene Achse. Weil die Radiostrahlen, die sie dabei wie ein Leuchtturm aussenden, so regelmäßig sind, nennt man sie auch „Pulsare“. Sie sind so regelmäßig, dass die Wissenschaftler sie zuerst für eine Botschaft von Außerirdischen hielten.*

*Manchmal fällt Gas in ein Schwarzes Loch. Es leuchtet auf, bevor es verschlungen wird. Dadurch wird ein Schwarzes Loch erst „sichtbar“.*

sterbender Stern neue Sterne zum Leben erwecken!

## Der Ringnebel

Ein sterbender Stern schleudert den größten Teil seiner Materie als Ringnebel ins Weltall. Zunächst bildet der Nebel eine Kugel um die Explosion, doch bald franst er aus. Die schwereren Elemente, die der Stern erzeugt hat, gelangen so in den Kosmos und können zu Bestandteilen neuer Sternensysteme werden.

## Ein Neutronenstern

Der Kern des alten Sterns ist so verdichtet, dass alle Atome in ihm zerstört sind. Was bleibt, ist eine Masse von Neutronen, die eng zusammengedrückt sind. Ein Teelöffel dieser Materie wiegt Milliarden von Tonnen. Der Kern des alten Sterns ist zu einem so genannten Neutronenstern geworden. Die Oberfläche ist sehr heiß und erreicht Millionen °C. Neutronensterne senden stark pulsierende Radiowellen aus, die es manchmal ermöglichen, sie zu orten (4).

## Ein Schwarzes Loch

Wenn die Masse des Neutronensterns 3-mal so groß wie die der Sonne ist, geht nichts mehr. Der kleine Stern stürzt in sich zusammen, bis sich alles auf einen Punkt konzentriert. Dann bildet sich ein sehr merkwürdiges Objekt, das eine so starke Anziehungskraft besitzt, dass es alles verschlingt, was in seine Reichweite kommt. Nichts kann ihm entkommen, noch nicht einmal das Licht... Dieses Objekt, das unsichtbar ist, weil kein Lichtstrahl ihm entkommen kann, gehört zu den geheimnisvollsten und berühmtesten des Kosmos. Es handelt sich um ein Schwarzes Loch (5).

# Schwarze Löcher und

***Niemand hat jemals ein Schwarzes Loch gesehen. Aber die Astronomen machen diese Himmelskörper anhand der Verwüstungen, die sie anrichten, ausfindig. Denn diese Ungetüme verleiben sich alles ein, was in ihre Nähe kommt!***

## Lange Spagettis

Das Zentrum eines Schwarzen Lochs ähnelt einem bodenlosen Schacht. Alles was den Rand dieses Schachtes überschreitet, ist verloren. Es fällt ins Innere und vergrößert das Schwarze Loch. Wenn Materie (z. B. Gas eines nahen Sterns) in seine Nähe kommt, wird sie auseinander gezogen und strahlt große Lichtmengen ab. Sie hat noch Zeit ein letztes Mal aufzuleuchten, bevor sie für immer im Schwarzen Loch verschwindet. Genauso würde ein mutiger Astronaut, der das Schwarze Loch untersuchen wollte, am Rand des Lochs so lang wie Spagetti gezogen und anschließend auf Nimmerwiedersehen verschwinden.

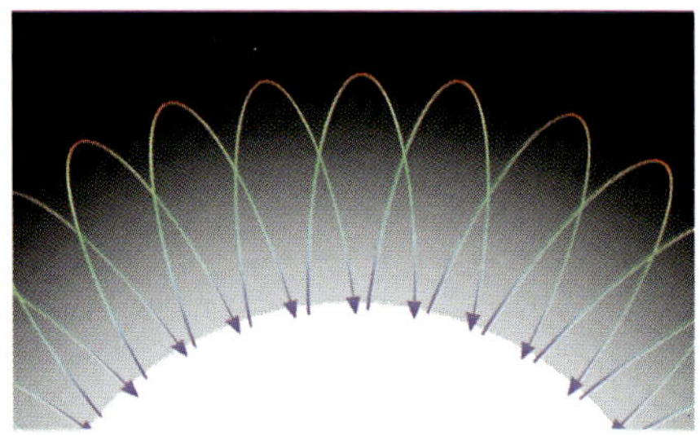

*Das Licht, das ein Schwarzes Loch aussendet, fällt sofort wieder auf seine Oberfläche zurück.*

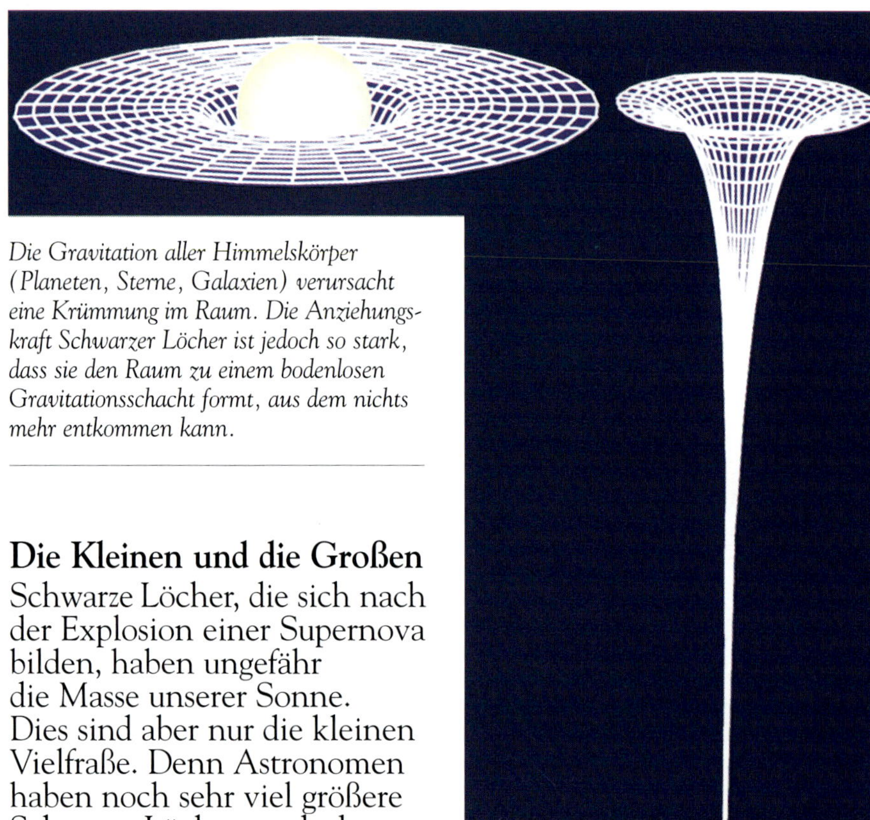

*Die Gravitation aller Himmelskörper (Planeten, Sterne, Galaxien) verursacht eine Krümmung im Raum. Die Anziehungskraft Schwarzer Löcher ist jedoch so stark, dass sie den Raum zu einem bodenlosen Gravitationsschacht formt, aus dem nichts mehr entkommen kann.*

## Die Kleinen und die Großen

Schwarze Löcher, die sich nach der Explosion einer Supernova bilden, haben ungefähr die Masse unserer Sonne. Dies sind aber nur die kleinen Vielfraße. Denn Astronomen haben noch sehr viel größere Schwarze Löcher entdeckt: Ihre Masse übersteigt die der Sonne mehr als millionenfach. Diese gewaltigen Schwarzen Löcher verbergen sich nicht irgendwo, sondern in der Mitte von Galaxien.

## Wehe, wenn sie erwachen!

Selbst im Inneren unserer Galaxie, der Milchstraße, könnte sich ein Schwarzes Loch verbergen, das die drei- oder viermillionenfache Masse der Sonne hat. Solche riesigen Schwarzen Löcher können lange Zeit unbemerkt bleiben, nämlich solange keine Materie in sie hineinfällt.

# andere Ungetüme

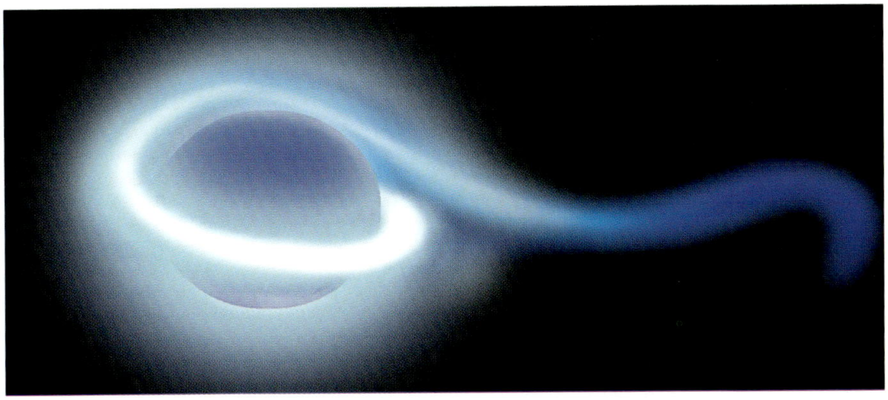

*Die Begegnung zweier Schwarzer Löcher muss ein gewaltiges Ereignis sein. Scheinbar aus dem Nichts wird die Materie des kleineren Schwarzen Lochs zerrissen. Sie glüht auf, bevor sie im größeren Schwarzen Loch verschwindet.*

Doch wehe, wenn sie erwachen! Im Inneren mancher riesiger Galaxien haben Astronomen besonders helle Objekte ausgemacht. Sie leuchten so hell wie ungefähr zehn andere Galaxien zusammen. Dieses helle Licht ist der Beweis dafür, dass gewaltige Mengen Materie, Sterne, Gas und Staub, „eingefangen" worden sind und wirbelnd in das Schwarze Loch fallen. Sie sind „Nahrung" für das schwarze Nimmersatt, das dadurch immer größer und größer wird.

## Entfernte Quasare

Doch es gibt noch größere Ungetüme im Kosmos. Es sind weit entfernte Objekte in den Tiefen des Weltalls: die Quasare. Von der Erde aus sehen sie aus wie Sterne, und doch strahlen sie heller als hundert, ja vielleicht sogar heller als tausend Galaxien zusammen. Die Astronomen wissen nicht genau, woher die fantastische Leuchtkraft der Quasare kommt. Vielleicht ist sie eine Auswirkung Schwarzer Löcher, die noch viel größer sind als alle bisher bekannten.

## Hypersterne

Wie konnten sich diese Riesen, deren Masse 100 Millionen Mal so groß ist wie die der Sonne, bilden? Niemand weiß es wirklich. Aber einige Astronomen glauben, dass zu Beginn des Universums, als dieses noch kleiner war und die Galaxien sich bildeten, häufig Kollisionen stattfanden, durch die die Galaxien miteinander verschmolzen. Dabei konzentrierte sich ihre Masse in der Mitte in Form von „Hypersternen". Doch existierten diese nicht lange. Sie erzeugten so viel Energie, dass sie sich in einer großen Explosion selbst wieder zerstörten. Ihr Inneres bildete dabei ein großes Schwarzes Loch. Die Explosion des Hypersterns erschütterte den Weltraum. Sie erzeugte wie ein Stein im Wasser Wellen im Universum.

*Wenn die Hypersterne einmal existierten, dann nicht lange. Bei ihrer Explosion entstanden Wellen, die die umgebenden Wolken zerteilten.*

# Merkwürdige

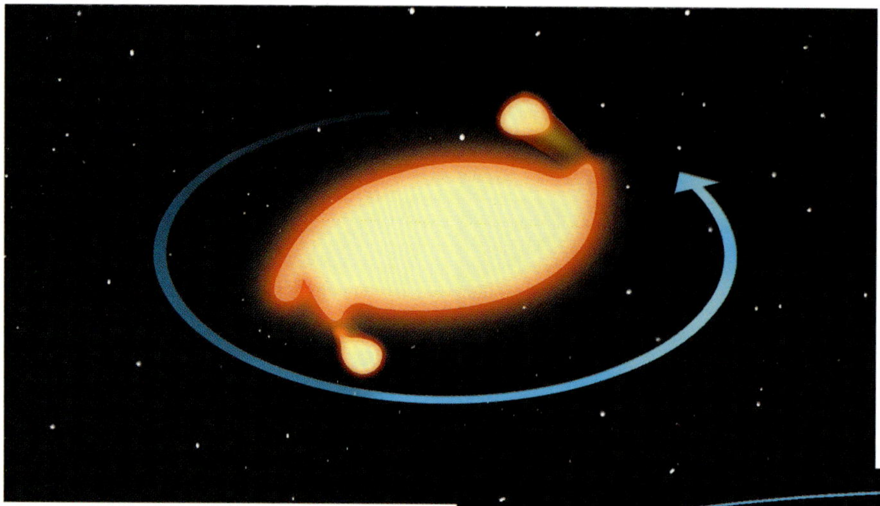

## Begehrtes Untersuchungsobjekt

Nach ihrer Entstehung drehen sich die Sterne solange sie bestehen umeinander. Die Astronomen schätzen Doppelsterne vor allem deshalb, weil sie aus ihren Bewegungen ihre Masse errechnen können, was bei einem einzelnen Stern nicht möglich ist.

***Anders als unsere Sonne leben viele Sterne in Paaren. Die Astronomen nennen sie „Doppelsterne". Wie häufig bei Paaren, verläuft ihr Leben nicht immer in ruhigen Bahnen. Es kann sogar passieren, dass sie sich gegenseitig zerreißen.***

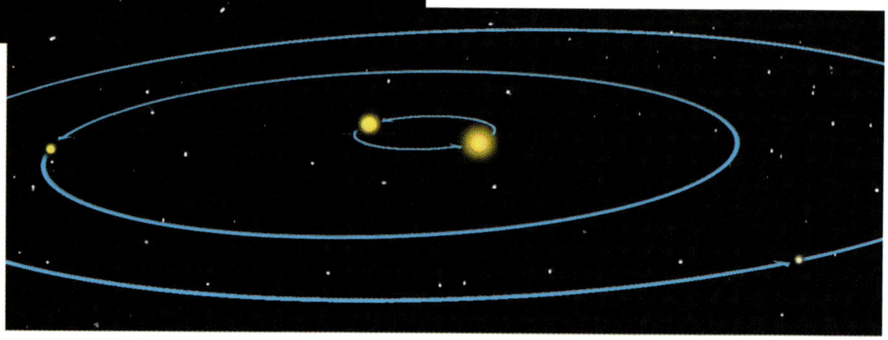

*Viele Sterne im Universum „leben" in Gruppen zu zweit, dritt oder zu mehreren. Die Sterne drehen sich solange sie existieren umeinander.*

## Mehrfachgeburten

Doppelsterne gibt es sehr häufig. Mehr als die Hälfte aller Sterne in unserer Galaxie lebt in einer solchen Verbindung. Wie bilden sie sich? Nur höchst selten fängt ein Stern den anderen ein. In der Regel entstehen beide Sterne gleichzeitig aus derselben Gas- und Staubwolke. Solche Wolken können sich auch in mehrere Teile spalten. Dann entstehen Mehrfachsterne: Dreier-, Vierer-, Fünfer- oder Sechsergruppen, manchmal sogar noch mehr.

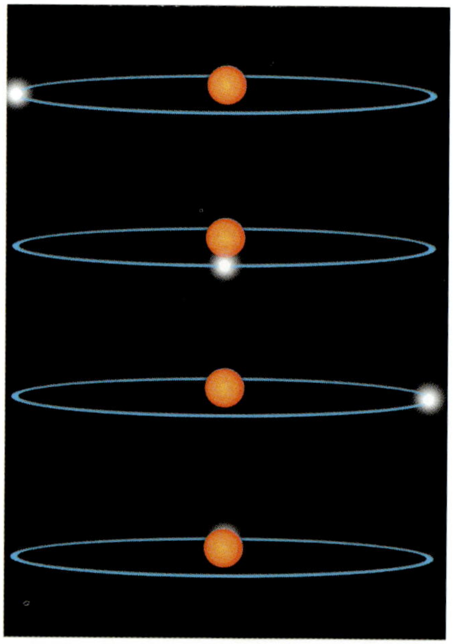

*Ein wahres Versteckspiel! Hier siehst du ein Sternenpaar, das die Wissenschaftler „Bedeckungsveränderliche" nennen. Jedesmal wenn ein Stern am anderen vorbeizieht, lässt die Helligkeit des Paares plötzlich nach. Da es von der Erde aus gesehen den Anschein hat, als würde es sich um ein einziges Objekt handeln, scheint es, als verändere sich ständig die Leuchtkraft des Sterns.*

Paare

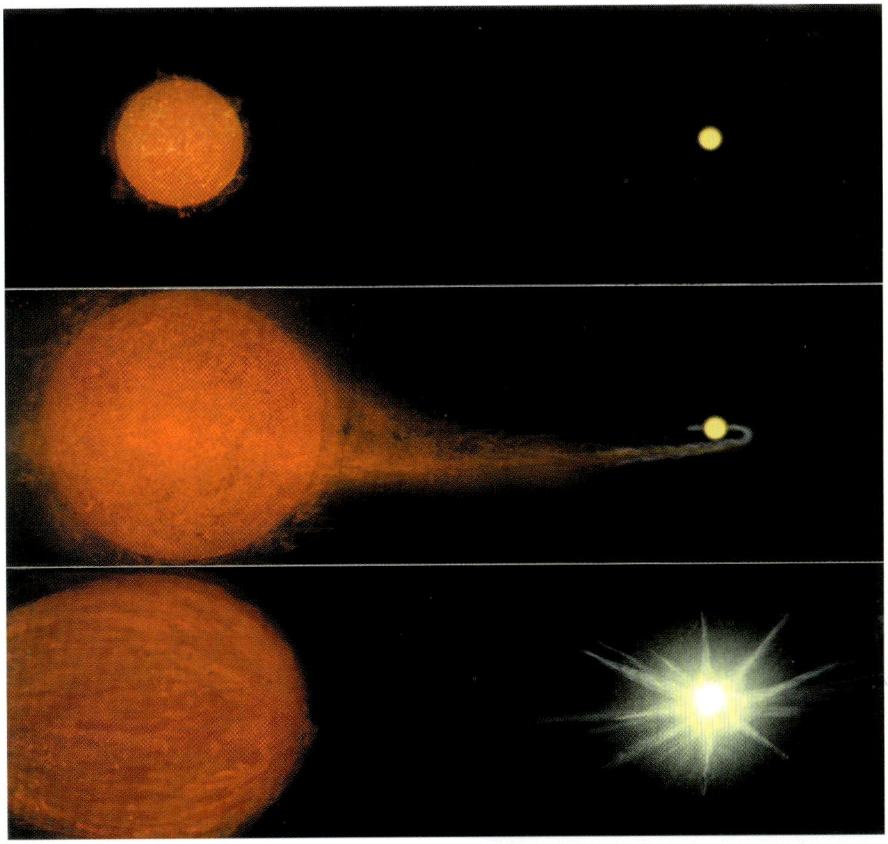

auf. Ist eine gewisse kritische Masse erreicht, stürzt ein Großteil der Wolke in einer Explosion auf den Zwergstern nieder. Der Stern leuchtet einige Tage oder Wochen auf: Das ist eine Nova! Schon früh haben Astronomen solche Erscheinungen am Himmel beobachtet. Sie nannten sie Nova, weil sie dachten, es handele sich um neue Sterne. Doch tatsächlich handelt es sich um einen Weißen Zwerg, einen sehr alten Stern, der plötzlich erneut aufleuchtet.

**Rückkehr zur Normalität**
Nach dieser plötzlichen Explosion fällt der Weiße Zwerg wieder in seine alte Helligkeit zurück. Alles beruhigt sich bis zur nächsten Krise. Wenn der andere Stern dann zu einem Roten Riesen anwächst, geht nichts mehr.

**Eine Nova**
Das Zusammenleben der Sterne kann lange sehr ruhig verlaufen. Das ändert sich aber, wenn z. B. der größere Partnerstern eines Weißen Zwerges seine Wasserstoffreserven verbraucht hat und zu einem Roten Riesen wird. Er wird so groß, dass ein Teil seiner Materie vom Partnerstern „abgesaugt" wird. Diese Materie bildet dann eine rotierende Wolke um den kleinen Stern. Dieser kann nun nicht mehr seine ganze Wärme abstrahlen und heizt sich immer weiter

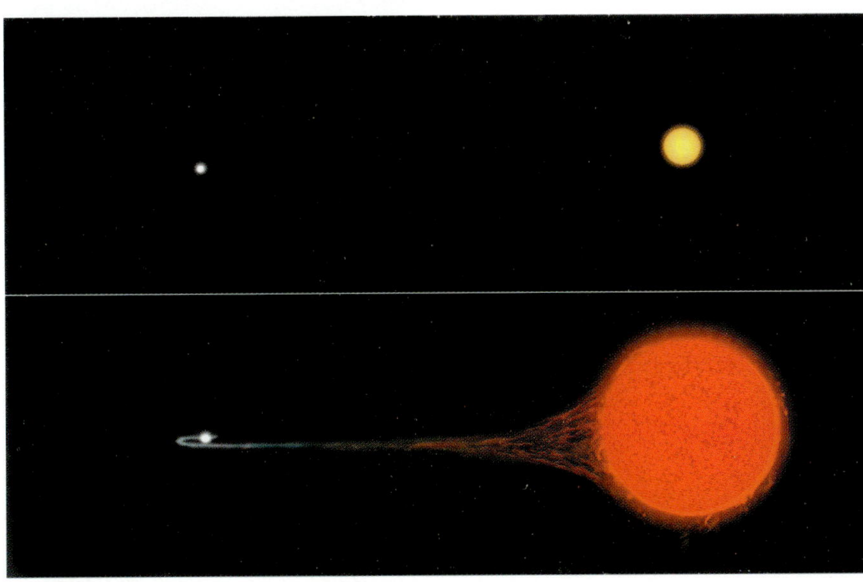

# Nebel im

***Es gibt eine Vielzahl unterschiedlicher Wolken im Universum. Manche sind kalt, andere eher heiß. Manche sind durchsichtig, andere sind sehr dicht und fast schwarz. Aber alle bestehen sie aus Gas und Staub. Und alle werden sie Nebel genannt.***

## Dunkelnebel

Manche Nebel erscheinen sehr dunkel. Sie enthalten sehr viel Staub, der kein Licht durchlässt. Der bekannteste Dunkelnebel ist der Pferdekopfnebel im Sternbild des Orion.

*Der Pferdekopfnebel trägt seinen Namen nicht umsonst. Er bildet eine große, dunkle, sehr staubreiche Wolke, einen „Dunkelnebel", der sich vor einem anderen leuchtend rosafarbenen Nebel abzeichnet.*

# Weltall

*1995 machte das Hubble-Teleskop Aufnahmen von diesen riesigen Türmen. Sie gehören zum Adlernebel und sind 7000 Lichtjahre von der Erde entfernt. Das gesamte Sonnensystem hätte in einem der emporragenden Finger dieser Wolken aus kaltem und dichtem Gas Platz. Aus dem Nebel werden sicherlich eines Tages Sterne entstehen.*

**Asche zu Asche ...**
Das gesamte Leben der Sterne ist eng mit den Nebeln verbunden. Die Sterne werden aus Gas- und Staubwolken geboren. Gegen Ende ihres Lebens erzeugen sie neue Nebelwolken: die Ringnebel, die sie abstoßen, bevor sie vergehen.

**Wasser über Wasser**
In den Nebeln finden sich die unterschiedlichsten Elemente. Vor nicht langer Zeit entdeckten Forscher dort sogar große Mengen Wasser. Die Wolke, aus der unsere Sonne und die Planeten entstanden sind, dürfte ebenfalls viel Wasser enthalten haben. So konnten sich Ozeane auf der Erde bilden, die die Entstehung von Leben erst ermöglichten.

# Eine Rangordnung

***Die Materie ist im Universum nicht zufällig verteilt. Sie folgt bestimmten Strukturen. Diese Strukturen sind in jedem Größenbereich vorhanden. Denn Sterne schweben niemals alleine in der Weite des Universums. Sie gehören zu Galaxien, die wiederum zu Galaxienhaufen gehören usw.***

**Sternhaufen**
Viele Sterne gehören zu Sternhaufen. Von diesen gibt es zwei Arten: Die offenen Sternhaufen haben keine präzise Form. Sie sind jung und ihre Sterne werden sich mit der Zeit zerstreuen.

Die Kugelsternhaufen sind dagegen sehr kompakt. Sie können mehr als 100 000 Sterne enthalten. Sie sind sehr alt – fast so alt wie das Universum selbst.

*ein Stern und seine Planeten*

**Galaxien**
Ob sie zu einem Sternhaufen gehören oder – wie unsere Sonne – relativ isoliert im Universum stehen, alle Sterne sind Teil einer Galaxie.

Eine Galaxie ist eine riesige Ansammlung von Sternen, Gas und Staub, die durch die Schwerkraft zusammengehalten wird. Unsere Galaxie wird Milchstraße genannt.

Sie besteht aus mehr als 200 Milliarden Sternen und hat einen Durchmesser von 100 000 Lichtjahren! Sie hat sogar zwei kleinere Begleitgalaxien: die Große und die Kleine Magellansche Wolke.

*ein Kugelsternhaufen*
*ein offener Sternhaufen*

**Galaxienhaufen**
Auch Galaxien treten selten alleine auf. Sie bilden Galaxienhaufen. Unsere Milchstraße gehört zu einer Ansammlung von knapp 30 Galaxien, die die „lokale Gruppe" genannt wird.

Diese Gruppe wird wiederum von der Andromeda-Galaxie beherrscht. Diese ist mit einem Abstand von 3 Millionen Lichtjahren unsere Nachbargalaxie. Sie enthält doppelt so viele Sterne wie unsere Galaxie.

*eine Galaxie*

**Superhaufen**
Die lokale Gruppe und etwa 50 weitere Galaxienhaufen bilden einen Superhaufen, den Virgo-Superhaufen, dessen Mitte von uns aus gesehen im Sternbild der Jungfrau liegt (virgo: lat. Jungfrau). Um diesen Superhaufen erstrecken sich

# am Himmel

weite Leerräume, die ihn von anderen Superhaufen abtrennen.

Es erscheint zunächst so, als sei damit die Organisation der Materie beendet, als sei der Superhaufen die größte Struktur im Kosmos. Doch weit gefehlt!

*ein Galaxienhaufen*

**Wie ein Schwamm**

Vor einigen Jahren begannen die Wissenschaftler mit einer sehr mühsamen Arbeit. Sie untersuchten die Position

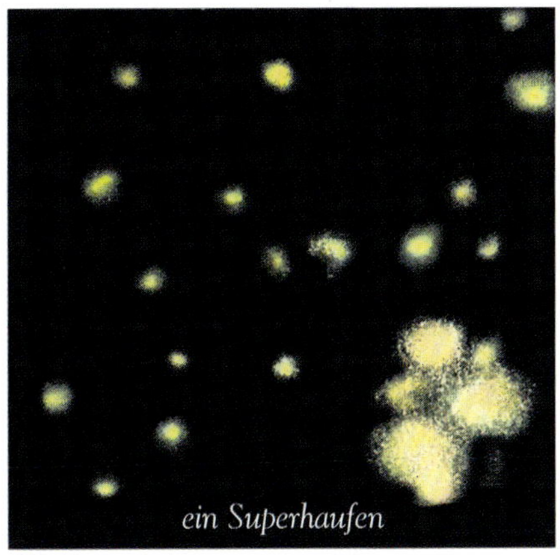

*ein Superhaufen*

der hunderttausenden von Galaxien. Dabei stellten sie fest, dass das Universum eine merkwürdige Struktur hat: Es erscheint so, als seien

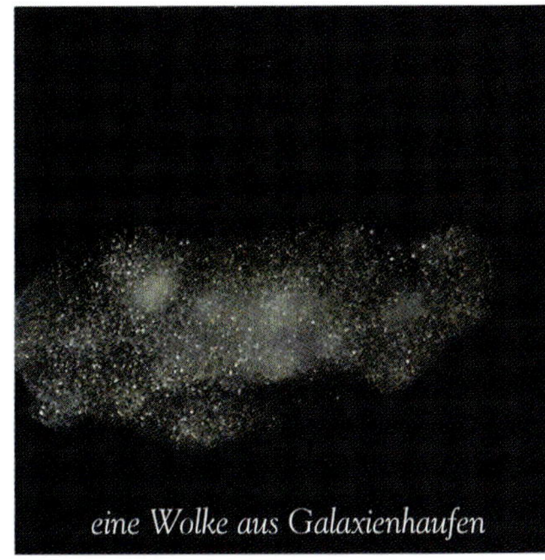

*eine Wolke aus Galaxienhaufen*

Galaxienhaufen und Superhaufen auf den Rändern riesiger Blasen angesiedelt, die voneinander durch große Freiräume getrennt sind. Die größte Struktur des Universums sieht also wie ein Schwamm aus! Die Forscher versuchen heute zu erklären, wie eine solche Struktur entstehen konnte. Es könnte sein, dass ihre Ergebnisse eines Tages alles, was wir über die Bildung von Galaxien und die Entstehung des Universums wissen, über den Haufen werfen.

*Viele Forscher glauben, dass die Struktur des Universums einem Schwamm ähneln könnte.*

# Milliarden

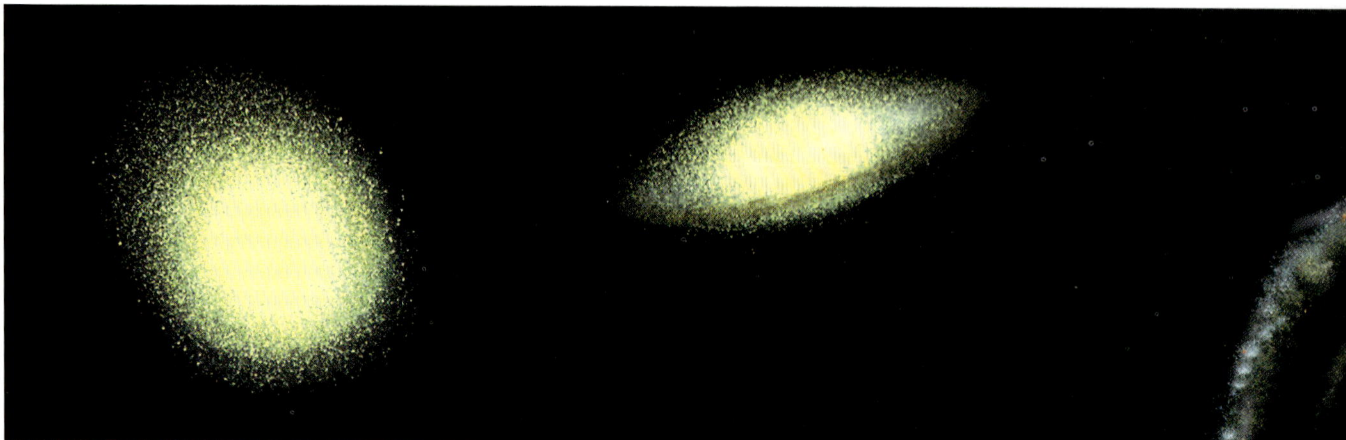

***Das Universum besteht aus mindestens zehn Milliarden Galaxien. Galaxien sind große Ansammlungen von Sternen, Gas und Staub. Sie drehen sich um sich selbst. Ihre Größe kann sehr unterschiedlich sein: Die kleineren bestehen aus etwa zehn Millionen Sternen, die großen dagegen aus tausenden von Milliarden Sternen. Edwin Hubble hatte 1925 die Idee die Galaxien nach ihrer Form zu gliedern. Noch heute wird seine Ordnung verwendet.***

**Elliptische Galaxien**

Elliptische Galaxien haben, wie ihr Name schon sagt, die Form von mehr oder weniger lang gezogenen Scheiben. In der Vergangenheit haben sie fast all ihr Gas bei der Erzeugung von neuen Sternen aufgebraucht. Da sie nun kaum noch Gas enthalten, können sich auch keine neuen Sterne mehr bilden.

Elliptische Galaxien bestehen deshalb vorwiegend aus alten Sternen, die zur Mitte hin immer dichter aneinander liegen.

Die Größe elliptischer Galaxien ist sehr unterschiedlich. Bei vielen handelt es sich um Zwerggalaxien, die nur etwa zehn Millionen Sterne umfassen. Andere sind wahre Riesen und können bis zu 500-mal so groß sein wie unsere Galaxie, die Milchstraße.

Die größten Galaxien im Universum sind alle elliptisch. Häufig befinden sich eine oder mehrere riesige elliptische Galaxien in der Mitte eines Galaxienhaufens.

# von Galaxien

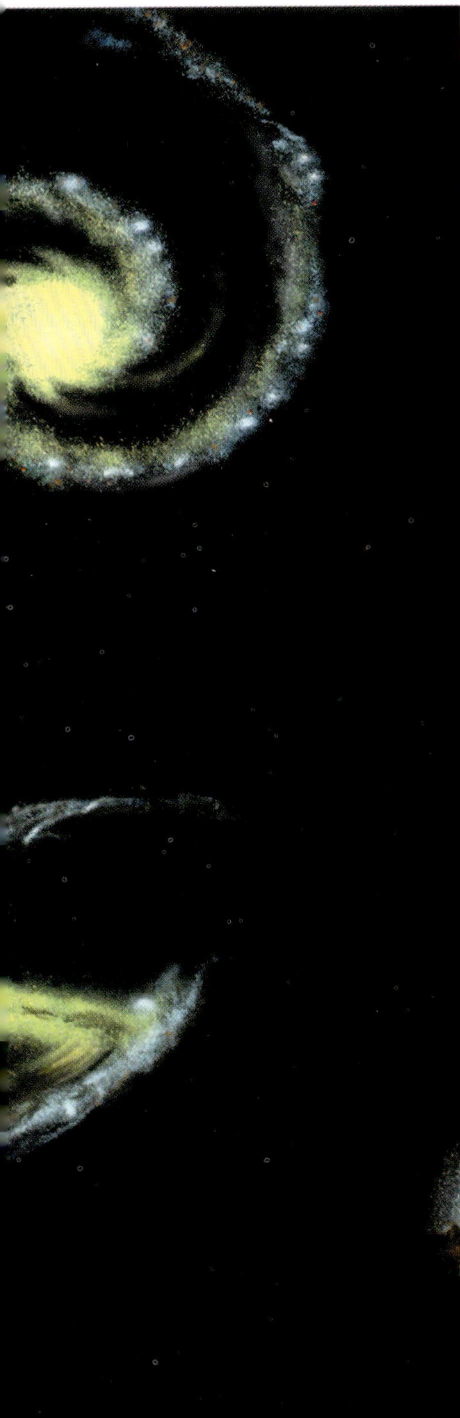

## Spiralgalaxien

Spiralgalaxien wie unsere Milchstraße oder unser Nachbar, die Andromeda-Galaxie, sind leicht an ihrer charakteristischen Form zu erkennen. Sie bilden eine relativ flache Scheibe aus Sternen, Gas und Staub. Spiralförmige „Arme“ strecken sich von ihrer Mitte weg. Die kugelförmige Mitte der Spiralgalaxie enthält nur alte Sterne, während sich die jungen Sterne in den Spiralarmen befinden.

Manchmal ist das Innere der Galaxie zu einem Balken auseinander gezogen. Man spricht dann von einer Balkenspirale. Möglicherweise ist auch unsere Galaxie eine Balkenspirale, aber das weiß man nicht genau. Man müsste die Milchstraße von oben betrachten, um dies zu klären. Das ist aber unmöglich: Unser Sonnensystem befindet sich nämlich in der Scheibe der Galaxie, mitten in einem Spiralarm. Wir sind etwa 28 000 Lichtjahre vom Zentrum entfernt.

## Wie alt sind die Galaxien?

Alle Galaxien enthalten sehr alte Sterne, die etwa zur selben Zeit entstanden sind. Die Astronomen glauben daher, dass sich die Galaxien gleichzeitig und sehr früh in der Geschichte des Universums gebildet haben. Sie schätzen ihr Alter auf etwa zwölf Milliarden Jahre.

*Manchmal bestehen die Galaxien auch nur aus einer Scheibe. Spiralarme sind nicht erkennbar. Diese Galaxien nennt man „linsenförmig“. Linsenförmige Galaxien bilden eine eigene Klasse zwischen den elliptischen und den spiralförmigen Galaxien.*

*Andere Galaxien haben keine klare Form. Sie sind unregelmäßig, man nennt sie „Irreguläre Galaxien“. Möglicherweise sind sie durch die große Nähe zu anderen Galaxien verformt worden wie z. B. die Begleitgalaxien der Milchstraße, die Große und die Kleine Magellansche Wolke.*

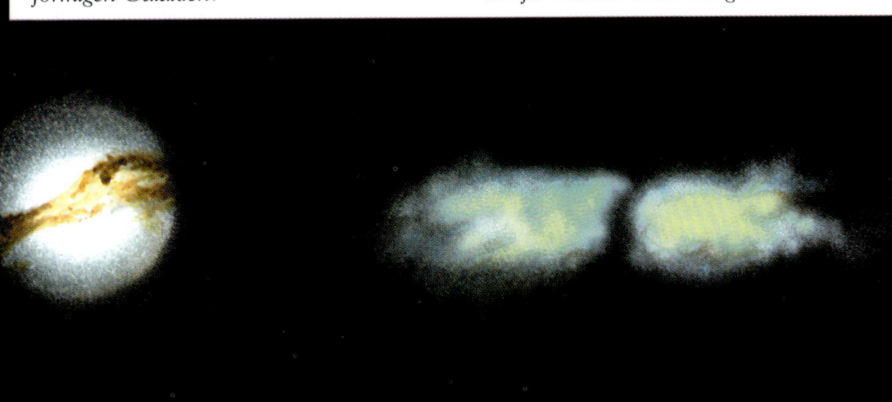

# Die Geheimnisse

*Die Galaxien sind von einem dunklen Hof (Halo) aus alten Sternen umgeben.*

***Durch ein großes Teleskop betrachtet, gehören Spiralgalaxien zu den prächtigsten Erscheinungen am Himmel. Durch ihre Spiralarme sehen sie aus wie übergroße Feuerräder. Die Astronomen versuchen zu verstehen, was in den Spiralgalaxien geschieht. Bisher haben sie nicht alle Geheimnisse preisgegeben.***

## Schwarze Materie

Spiralgalaxien drehen sich wie riesige Räder um sich selbst. Bei genauer Untersuchung haben die Astronomen entdeckt, dass die sichtbare Masse der Spiralgalaxien (Sterne, Gas, Staub) nicht ausreicht, um ihre Bewegung zu erklären. Ihre Anziehungskraft ist insgesamt eigentlich viel zu klein, um die ganze Galaxie zusammenzuhalten. Die Forscher stellen sich daher vor, dass es große Mengen unsichtbarer, schwarzer Materie in den Galaxien gibt, die diese zusammenhält.

*In den Spiralarmen bilden sich viele neue Sterne. Daher strahlen sie sehr hell.*

*Eine Galaxie im Profil: Scheibe und zentrale Verdickung sind gut sichtbar.*

Aber wo versteckt sie sich? Vielleicht wird das immer ein Geheimnis bleiben. Denn schließlich ist die schwarze Materie ja unsichtbar ...

## Dunkle Halos

Doch die Wissenschaftler haben eine Idee. Sie haben sich überlegt, dass ein Teil dieser schwarzen Materie in riesigen Höfen, in Halos, verborgen sein könnte, die sich um die Galaxien gebildet haben. Ein Halo ist eine große runde Schale aus alten Sternen (häufig in Form von Kugelsternhaufen) und heißem Gas. Er umgibt die Scheibe und das Innere der Galaxie vollständig. Unsere Milchstraße ist, ebenso wie die anderen Galaxien, von einem Halo umgeben.

## Mit offenen Armen

Spiralgalaxien besitzen häufig zwei, manchmal auch vier Arme wie unsere Milchstraße. Schon sehr früh fragten sich die Astronomen, was die Form der Spiralarme hervorruft. Als sie beobachteten, dass die Sterne im Zentrum einer Spiralgalaxie schneller rotieren als die Sterne in den äußeren Regionen, meinten sie, eine Erklärung gefunden zu haben. Sie glaubten, die Spiralarme entstünden, weil sich die Sternabstände durch den Geschwindigkeitsunterschied von innen nach außen auseinander zögen. Aber kurze

# der Spiralgalaxien

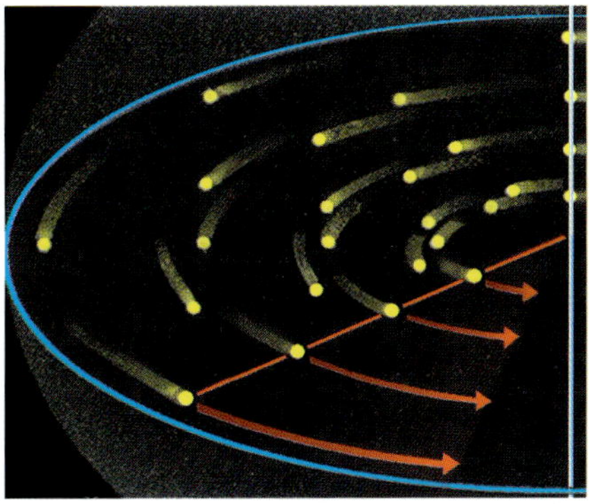

*Die Scheibe einer Spiralgalaxie dreht sich nicht wie ein fester Körper, in dem die Geschwindigkeit nach außen hin zunimmt. Sie steigert sich zwar zunächst vom Zentrum der Galaxie aus, aber ab einem bestimmten Abstand zum Zentrum verlangsamt sie sich wieder.*

Zeit später stellten sie fest, dass die Bewegung der Sterne auf der Scheibe viel komplizierter ist, als sie gedacht hatten. Man musste nach einer anderen Erklärung suchen.

## Ein Stau auf der Autobahn

Die Spiralarme entstehen durch ein Feld von unsichtbaren spiralförmigen Dichtewellen, das sich unabhängig von den Sternen bewegt.

Immer wenn Nebel und Sterne bei ihrer Rotation um das Galaxienzentrum in so ein Kraftfeld gelangen, werden sie gebremst und es bildet sich ein Stau wie auf der Autobahn. Da die Dichtewellen spiralförmig verlaufen, ordnen sich die gestauten Sterne in dieser Form an und bilden die sichtbaren Spiralarme der Galaxien (Schau dir dazu das mittlere Bild an). Irgendwann verlassen sie das Kraftfeld und sie bewegen sich wieder schneller. Hinter ihnen bilden dann schon längst neue Sterne den Stau, sodass die Spiralstruktur dauerhaft sichtbar bleibt.

## Haufenweise Sterne

Wenn das spiralförmige Dichtefeld auf die Gas- und Staubwolken der Galaxie-Scheibe stößt, drückt es diese stark zusammen. Dadurch entstehen haufenweise neue Sterne, auch Überriesen, die nur kurz leben und in einer Supernova explodieren. Durch den Druck der Explosion können sich wieder neue Sterne bilden. Deshalb befinden sich besonders in den Spiralarmen viele junge Sterne.

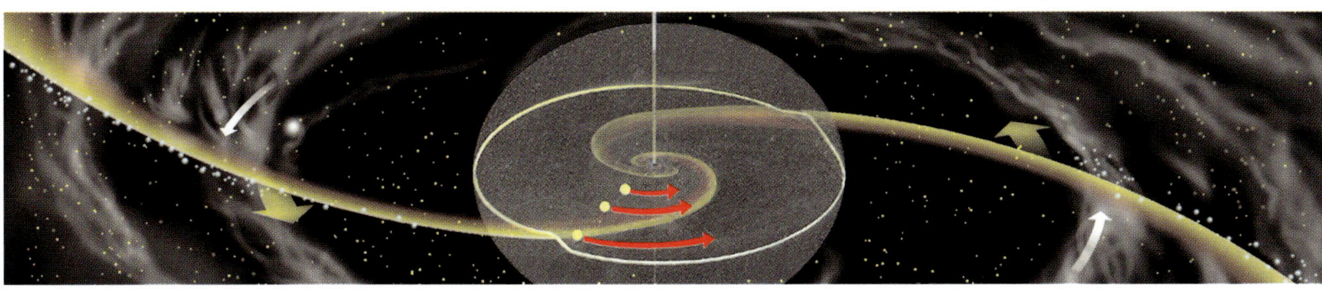

*Die Spiralarme verdanken ihre Form spiralförmigen Wellen, die von ihrer Mitte ausgehen. Diese Wellen rotieren langsamer als die Materie (Sterne, Staub und Gas) der Arme. Wenn das Gas auf eine Dichtewelle trifft, wird es zusammengepresst – dabei können leicht neue Sterne entstehen.*

*Wenn die Materie der Scheibe auf eine spiralförmige Dichtewelle trifft, verhält sie sich wie eine Murmel, die durch einen Graben rollt: Bergab wird sie beschleunigt, aber bergauf rollt sie langsamer und der Abstand zu den anderen Murmeln wird geringer.*

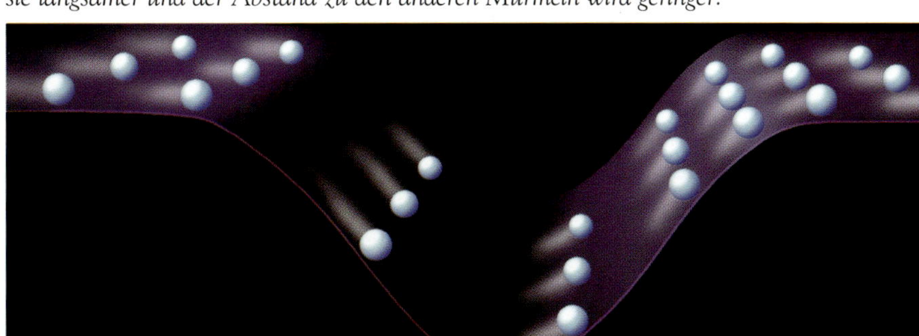

# Kollisionen

Eine Spiralgalaxie (Mitte) scheint von der Anziehungskraft zweier anderer Galaxien auseinander gezogen zu werden, als ob diese sich um ihre Sterne stritten.

***Man könnte annehmen, dass das Leben der Galaxien ruhig verläuft. Ab und zu kommt es aber zu einem Zusammentreffen, das mehr oder weniger dramatisch verlaufen kann.***

## Kollisionen

Galaxien sind von beeindruckender Größe. Im Verhältnis dazu ist der Abstand zwischen ihnen nicht sehr groß. Es überrascht daher nicht, dass sie manchmal zusammenprallen, vor allem in Galaxienhaufen, wo sie besonders eng beisammen sind. Normalerweise geht so ein Zusammenstoß nicht spurlos an den Galaxien vorüber.

Die Galaxien begegnen sich manchmal in dichten Galaxienhaufen.

## Verschmelzungen

Gelegentlich kommt es auch zu Verschmelzungen von Galaxien. Voraussetzung dafür ist allerdings, dass ihre Bahn und ihre Geschwindigkeit sich ähneln. So hat man im Universum Galaxien entdeckt, die zwei zentrale Verdickungen aufweisen. Sie müssen das Ergebnis einer Vereinigung von zwei Galaxien sein.

## Austausch

Meistens durchdringen sich Galaxien nur, ohne dass es zu Zusammenstößen zwischen ihren Sternen kommt. Durch ihre gegenseitigen Anziehungskräfte verändern sie dennoch meist ihre Form. Begegnen sich aber die

Eine kleine Galaxie trifft eine größere Spiralgalaxie genau in der Mitte. Eine riesige Schockwelle verformt die große Galaxie: Sie sieht nun wie ein Wagenrad aus.

# m Weltraum

Die Zeitraffer-Darstellung einer Kollision, wie man sie an einem Großcomputer simulieren kann: Zwei große Spiralgalaxien nähern sich einander langsam. Dann treffen sie aufeinander. Bei dem gewaltigen Zusammenprall verformen sich die Galaxien und bilden lange Gasstreifen. Aus diesem verdichteten Gas bilden sich viele neue Sterne. Sie haben die bläuliche Farbe junger Sterne. Wenn sich die zentralen Verdickungen begegnen, kann es zum Austausch von Sternen von einer zur anderen Galaxie kommen. Das alles dauert jedoch einige 100 Millionen Jahre. Wenn der Zusammenstoß bei hoher Geschwindigkeit stattfindet, trennen sich die Galaxien und kehren allmählich zu ihrer Spiralform zurück. Findet der Aufprall bei geringer Geschwindigkeit statt, kreisen die Galaxien umeinander und verschmelzen schließlich.

zentralen Verdickungen der Galaxien mit ihrer hohen Sternkonzentration, kann es vorkommen, dass Sterne von einer Galaxie zur anderen ausgetauscht werden oder dass sie sogar zusammenstoßen.

**Sternbrücken**

Das Gas der Galaxien kann bei einem Zusammenstoß stark verdichtet werden. Dann entstehen in einem Feuerwerk viele neue Sterne. Später trennen sich die Galaxien, bleiben aber durch Brücken aus Gas und hell leuchtenden jungen Sternen verbunden. Einige dieser Sterne werden später von den Galaxien eingefangen, andere verbleiben an Ort und Stelle. Sie bilden einen isolierten Sternhaufen.

*Eine kleine Galaxie wurde von einer Spiralgalaxie eingefangen. Eine Brücke aus Sternen verbindet sie. Vielleicht werden die beiden Galaxien miteinander verschmelzen.*

# Die Zukunft

***Das Universum hatte einen Anfang, den Urknall, und wird möglicherweise auch ein Ende haben. Wird es eines Tages in sich zusammenfallen und enden, wie es begonnen hat: als ein sehr heißer und dichter Punkt? Oder wird es sich unendlich weit ausdehnen? Beide Vorstellungen sind unheimlich.***

## Eine Frage der Masse

Wie wird das Universum enden? Alles hängt von der Masse des gesamten Universums ab, die keiner genau kennt. Je größer die Masse, desto höher die gegenseitige Anziehungskraft, die der Ausdehnung des Universums entgegenwirkt.

## Dem „big crunch“ entgegen

Die Ausdehnung des Universums würde sich verlangsamen, bis es sich schließlich wieder zusammenzieht. Alle Galaxien würden miteinander verschmelzen und letztlich würde das Universum wieder wie zu Beginn zu einer heißen, enorm dichten und hellen Masse zusammenfallen. Es würde dann im „big crunch“, dem Gegenteil des „big bang“, des Urknalls, enden.

*Wenn die Ausdehnung des Universums nie endet, entfernen sich die Galaxien immer weiter voneinander. Eines Tages erlöschen dann alle Sterne.*

# des Universums

**Ewige Ausdehnung**
Wenn die Masse nicht ausreicht (und daran glauben heute fast alle Astronomen), erwartet das Universum ein ganz anderes Schicksal: Seine Ausdehnung wird sich bis in alle Ewigkeit fortsetzen.

**Die Lichter erlöschen**
Wenn die Ausdehnung des Universums ewig andauert, werden sich die Galaxien immer weiter voneinander entfernen. Eines Tages werden sie kein Gas zur Bildung neuer Sterne mehr haben. Die bestehenden Sterne werden erkalten und einer nach dem anderen erlöschen. Es könnte auch sein, dass sie in einem wachsenden Schwarzen Loch enden, das alles verschlingt, was in seine Nähe kommt.

**Ein Universum Schwarzer Löcher**
Es kann also sein, dass das Universum ein tristes Ende nimmt: Isolation, Kälte und Dunkelheit. Nach sehr langer Zeit wird das Universum nur noch aus riesigen Schwarzen Löchern bestehen, die sich eines Tages gegenseitig verschlingen werden. Aber all das wird erst in Milliarden von Milliarden Jahren stattfinden. Bis dahin hat die Menschheit noch viele Tage vor sich.

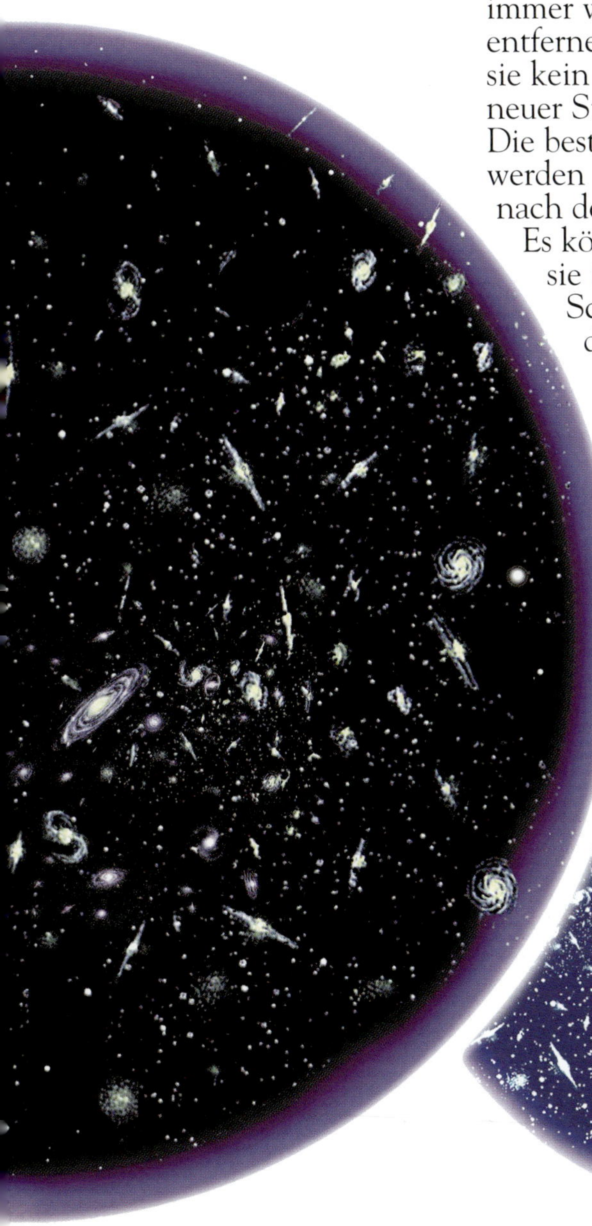

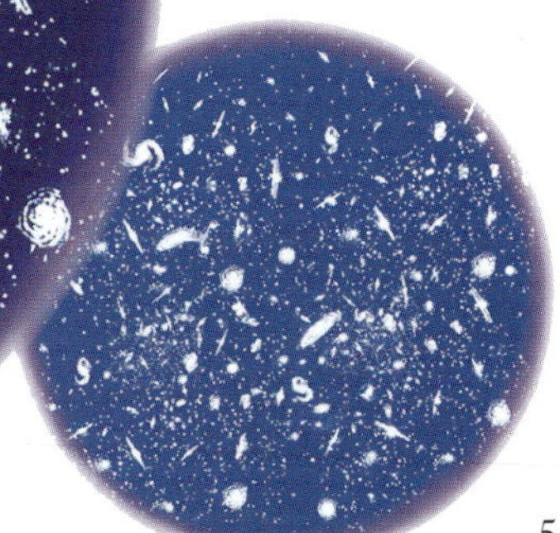

*Wenn die Masse ausreicht, fällt das Universum eines Tages wieder in sich zusammen. Die Galaxien nähern sich einander an und erscheinen blauer. Bei ihrer Verschmelzung entstehen neue Sterne. Schließlich bildet das Universum eine einzige Masse – wie zu Beginn.*

# Das

***Die Sonne, „unser" Stern, ist von neun Planeten umgeben, von denen die meisten wiederum Monde haben, die um sie kreisen. Diese Himmelskörper bilden gemeinsam unser Sonnensystem. Die Sonne und ihre Planeten sind gleichzeitig vor ungefähr fünf Milliarden Jahren aus einem Nebel entstanden.***

## Eine große Scheibe

Wie so häufig beginnt alles mit einem Nebel aus Gas und Staub, der durch die Anziehungskraft seiner eigenen Masse in sich zusammenfällt (vielleicht hat auch die Schockwelle, die auf eine Supernova in der Nähe folgte, nachgeholfen). Die Wolke beginnt sich um sich selbst zu drehen und nimmt die Form einer großen Scheibe an. Der größte Teil der Materie ist in der Mitte konzentriert, dort entsteht die Sonne (A). Die Sonne vereinigt 99 % der Masse des Sonnensystems in sich.

## Staubflocken

Die Reste von Gas und Staub, die nicht bei der Entstehung der Sonne verbraucht wurden, kreisen weiterhin um die Sonne. Dabei sammeln sich die schwereren Elemente in der Nähe des Zentrums, nicht weit von der Sonne entfernt.

Die leichteren Elemente, vor allem Gase, sammeln sich weiter außen. Dieser äußere Nebel kühlt nach und nach ab und beginnt einzelne Flocken zu bilden.

## Erst langsam ...

Die Flocken kreisen weiter um die Sonne und bilden nach und nach Körper in der Größe von Kieselsteinen. Solange diese Körper klein sind, geht die Entwicklung langsam vor sich, so als balle man viele Schneebälle zusammen.

# Sonnensystem

**... dann schneller**
Die steingroßen Körper wachsen weiter und erreichen bald die Größe von einigen Kilometern. Sie ziehen mit zunehmender Anziehungskraft immer mehr Körper an sich. Schließlich sind sie so groß, dass ein wahrer Regen von Körpern auf sie niederprasselt. Dabei erhitzen sich die Planeten so sehr, dass sogar ihr Gestein schmilzt. Noch heute besteht die Erde unterhalb einer dünnen, wieder erkalteten Kruste aus geschmolzenem Gestein (siehe S. 64).

**Steinig und gasförmig**
Schließlich kreisen vier Gesteinsplaneten aus schweren Elementen relativ dicht um die Sonne: Merkur, Venus, Erde und Mars. Vier riesige Planeten aus Gas kreisen in größerer Entfernung um die Sonne: Jupiter, Saturn, Uranus und Neptun. Pluto, der neunte und äußerste Planet, tanzt etwas aus der Reihe: Wie kommt ein Gesteinsplanet so weit nach außen?

**Und die Sonne?**
In dieser Zeit räumt die junge Sonne auf: Ein starker Sonnenwind aus atomaren Teilchen (siehe S. 57) vertreibt das Gas und die Partikel, die bei der Bildung der Planeten nicht verwendet wurden.

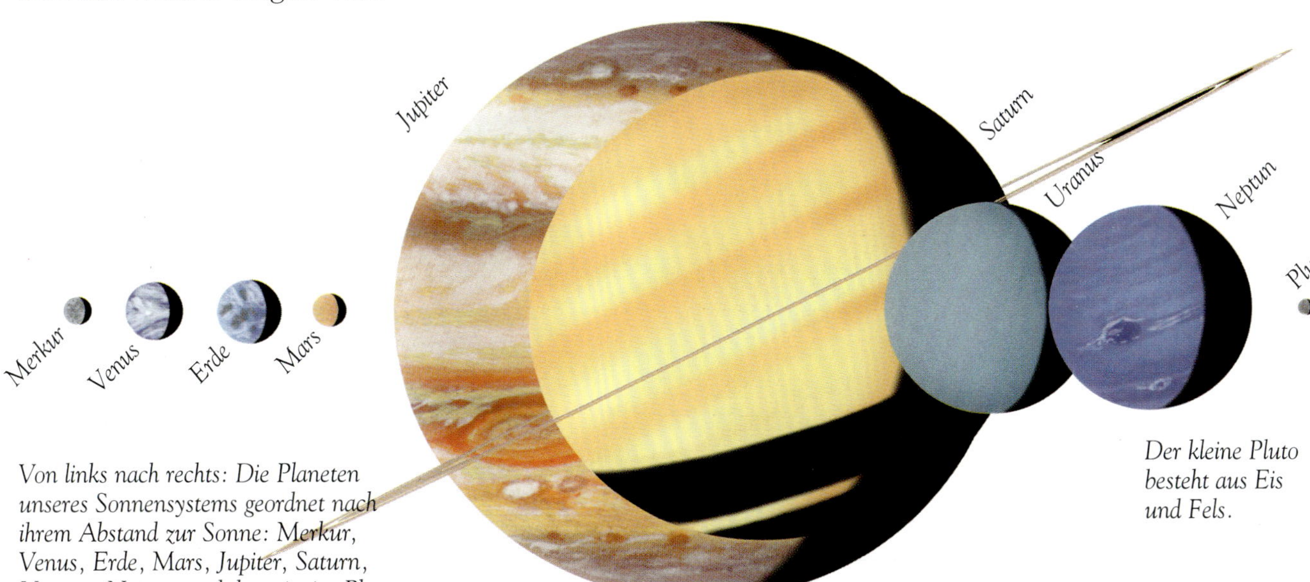


*Von links nach rechts: Die Planeten unseres Sonnensystems geordnet nach ihrem Abstand zur Sonne: Merkur, Venus, Erde, Mars, Jupiter, Saturn, Uranus, Neptun und der winzige Pluto.*

*Der kleine Pluto besteht aus Eis und Fels.*

# Unser Stern

***Von der Erde aus gesehen scheint die Sonne einheitlich zu leuchten. Aber das täuscht! Im Inneren brodelt es. Durch langjährige Beobachtungen haben die Forscher gelernt, jedes Zeichen von Unruhe zu erkennen.***

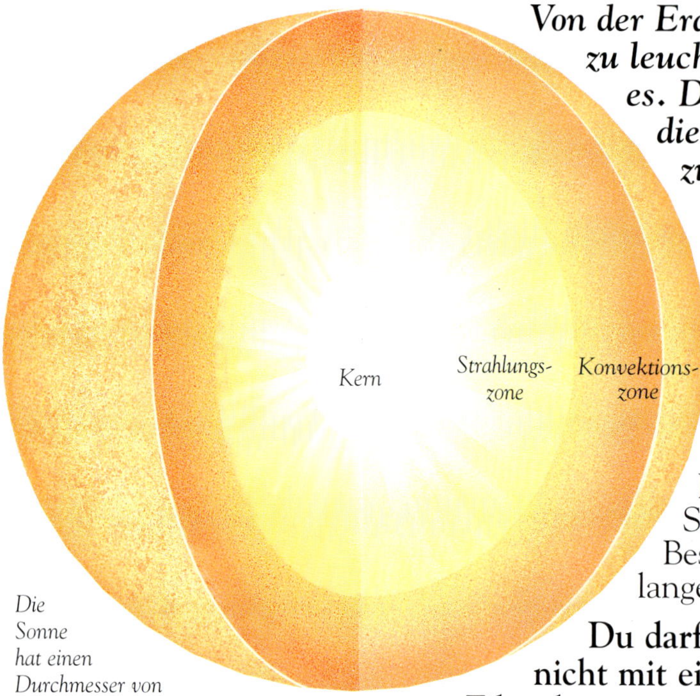


*Die Sonne hat einen Durchmesser von 1,4 Millionen km. Damit ist sie 110-mal so dick wie die Erde und ihre Masse ist 330 000-mal so groß.*

## Ein Stern zweiter Generation

Die Sonne gehört nicht zu den Riesen unter den Sternen. Glücklicherweise, denn andernfalls wäre sie längst explodiert und hätte dabei die Erde zum Schmelzen gebracht. Stattdessen wird die Sonne die Erde noch etwa fünf Milliarden Jahre wärmen.

Die Sonne ist ein Stern der zweiten Generation. Sie enthält – wie das ganze Sonnensystem – Bestandteile eines anderen Sterns, der bereits vor langer Zeit ausgebrannt und explodiert ist.

**Du darfst niemals direkt in die Sonne blicken, auch nicht mit einer Sonnenbrille. Du musst dafür spezielle Filter bei einem Optiker kaufen.**

*Ein Sonnenfleck erscheint auf der Oberfläche der Sonne. Feine Linien, so genannte Filamente, führen zu ihm hin.*

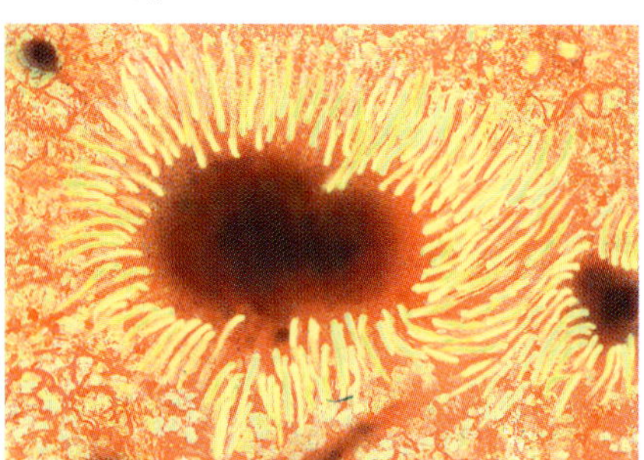

*Die Spikulen ragen tausende von Kilometern senkrecht von der Oberfläche auf. Sie bewegen sich ständig wie Haare im Wind.*

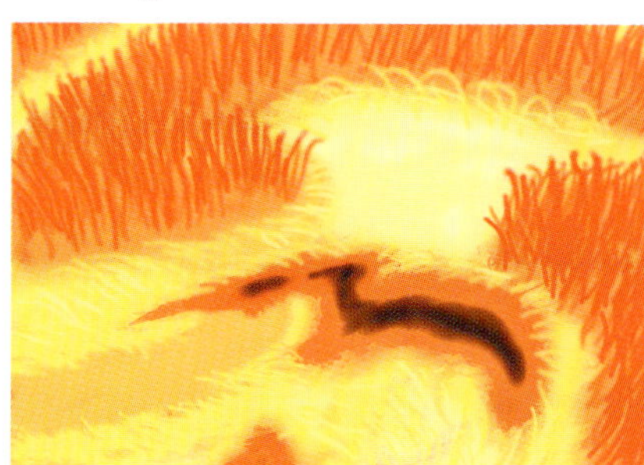

*Bei einer Eruption brechen gewaltige Gasmassen mit Geschwindigkeiten von bis zu einer Million km/h aus.*

## Ein Hexenkessel

Die Sonne besteht aus sehr heißen Gasen. Die Bewegungen dieser Gase gleichen denen einer kochenden Flüssigkeit. Die Oberfläche der Sonne ist fast 6 000 °C heiß. Von Nahem betrachtet unterscheidet man dunkle Flecken und helle Gasblasen, die Granulen. Gewaltige Eruptionen erschüttern die Sonne. Riesige Massen Materie werden hochgeschleudert und fallen wieder zurück. Diese Gasbögen werden Protuberanzen genannt.

# die Sonne

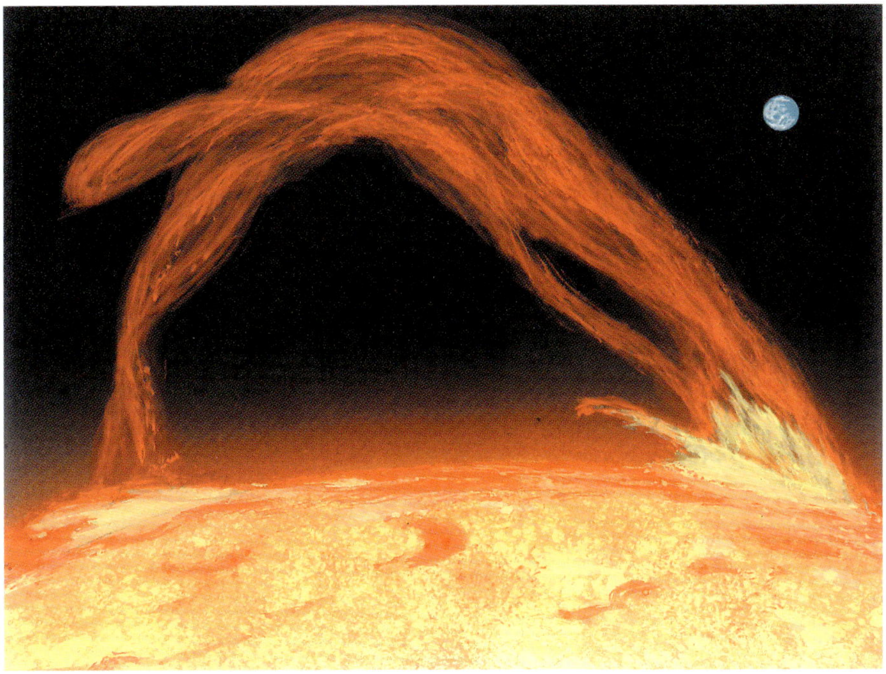

*Eine Protuberanz ist ein riesiger Materiebogen. Zum Vergleich siehst du die Erde im selben Maßstab daneben. Sie gibt dir eine Vorstellung von der Größe des Bogens!*

## Ein lauter Stern

Durch die Bewegung im Inneren der Sonne wird diese ständig erschüttert. Dabei entstehen Geräusche (wie auch bei anderen Sternen). Um eine Vorstellung von dem Lärm zu haben, den die Sonne verursacht, stelle dir eine Schmiede, Flugzeugdüsen, mehrere Vulkanausbrüche und etliche Symphonieorchester gleichzeitig vor und drehe den Ton auf volle Lautstärke. Glücklicherweise können sich Schallwellen im Weltraum nicht fortpflanzen, sonst könnte niemand auf der Erde in Ruhe schlafen!

## Was sind Sonnenflecken?

Sonnenflecken sind Stellen auf der Oberfläche der Sonne, die um etwa 2000 °C kühler sind als der Rest. Manche Sonnenflecken sind größer als die Erde. Die Sonnenflecken erscheinen in regelmäßigen Abständen. Alle elf Jahre sind sie besonders zahlreich.

## In der Tiefe

Die auf der Oberfläche der Sonne sichtbaren Phänomene verraten viel über die Geschehnisse im Inneren. In ihrem Kern erreicht die Sonne Temperaturen von bis zu 15 Millionen °C! Diese Energie durchwandert dann in Form von Strahlen unter vielen Schwierigkeiten die Strahlungszone. Ständig stoßen die Photonen mit anderen Teilchen zusammen. Daher dauert es 2 Millionen Jahre, bis die Energie in die Konvektionszone gelangt. Dort wird sie durch die Bewegung der Gase an die Oberfläche der Sonne weitergeleitet.

*So sieht die Sonne durch den Sonnenfilter eines einfachen Teleskops eines Hobbyastronomen aus. Man erkennt Sonnenflecken, Filamente und andere Strukturen auf der Oberfläche.*

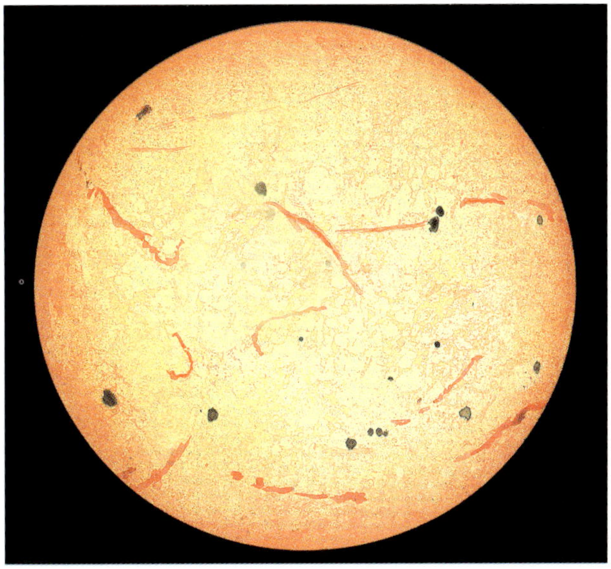

# Die Sonne –

***Man kann das Geschehen in der Sonne nicht verstehen, ohne ihr Magnetfeld näher zu betrachten. Es kontrolliert fast alle Erscheinungen, sogar die starken Sonnenausbrüche. Aber wie funktioniert es?***

## Die Feldlinien

Magneten (auch die, mit denen Zettel am Kühlschrank befestigt werden) sind von einem Magnetfeld umgeben. Wenn du einen Magneten in die Nähe von Eisenspänen hältst, wirst du feststellen, dass sich die Späne entlang der so genannten Feldlinien vom Nord- zum Südpol ausrichten. An ihnen kannst du die Form des Magnetfeldes ablesen.

## Ein Dynamo

Alle Phänomene, die auf der Oberfläche der Sonne beobachtet werden können, hängen eng mit den Feldlinien der Sonne zusammen. Aber wie wird das Magnetfeld erzeugt? Wie alle anderen Himmelskörper, so dreht sich auch die Sonne um sich selbst. Eine Theorie ist, dass das flüssige und leitende Innere der Sonne sich aber schneller dreht als die äußeren Schichten. Dadurch baut sich ein Magnetfeld auf. Die Sonne funktioniert genauso wie ein Dynamo.

## Protuberanzen und Flecken

Die Feldlinien auf der Oberfläche der Sonne werden verformt, weil sich die am Äquator liegenden Gebiete schneller drehen als die Gebiete am Pol. Wenn die Feldlinien weit auseinander gezogen werden, formen sie Ausbuchtungen (siehe Bild). Diese verlassen die Sonnenoberfläche und fallen in hohem Bogen wieder darauf zurück. An den beiden Enden bilden sich Sonnenflecken. Die aufgeladene Materie folgt als Protuberanz dem Bogen der verformten Feldlinien: Wie die Eisenspäne die Feldlinien eines kleinen Magneten sichtbar machen, so macht eine Protuberanz die Feldlinien der Sonne sichtbar.

# ein Magnet

*Die Korona ist nur bei einer vollständigen Sonnenfinsternis zu erkennen oder wenn die Sonne künstlich mit einem Koronographen abgedeckt wurde.*

## Die „Krone“ der Sonne

Die Korona (lat.: Krone) ist die äußerste Schicht der Sonnenatmosphäre. Sie wird normalerweise vom starken Sonnenlicht überstrahlt. Man kann sie aber bei einer Sonnenfinsternis sehr gut erkennen. Die Korona reicht weit in den Raum hinein: bis zu sieben Millionen km über die Sonnenoberfläche hinaus! Die Korona ist extrem heiß. Ihre Temperatur übersteigt eine Million °C.

## Der Sonnenwind

Die Korona stößt ständig einen Strom von Teilchen aus (vor allem Protonen und Elektronen), der sich im gesamten Sonnensystem verbreitet. Dieser Strom, der Sonnenwind genannt wird, erreicht die Erde mit einer Geschwindigkeit von mehr als einer Million km/h. An den Polen tritt er, dem Erdmagnetfeld folgend, in die Atmosphäre ein. Die Teilchen, aus denen er besteht, treffen auf die Atome und Moleküle der Erdatmosphäre und regen diese zur Aussendung von Licht an. So entstehen die wunderschön anzusehenden Polarlichter.

## Achtung, Sonnenwind!

Der Sonnenwind ist umso stärker, je aktiver die Sonne ist. Alle elf Jahre hat die Sonne eine besonders aktive Phase. In diesen Jahren (als nächstes 2011) erreichen wahre Sonnenwindstürme die Erde. Sie können die Kraftwerke und unsere Kommunikationssysteme stören. Die Erde ist also nicht völlig vor den Ausbrüchen der Sonne geschützt. Selbst Raumfahrtorganisationen wie die NASA schicken in solchen Zeiten keine Astronauten ins Weltall.

*Vor kurzem hat man auf der Sonnenoberfläche Zyklone beobachtet. Sie werden von schnellen und starken Strömen durchlaufen und funktionieren wie Teilchenbeschleuniger: Sie schleudern geladene Teilchen mit großer Geschwindigkeit in den Raum.*

# Merkur, der

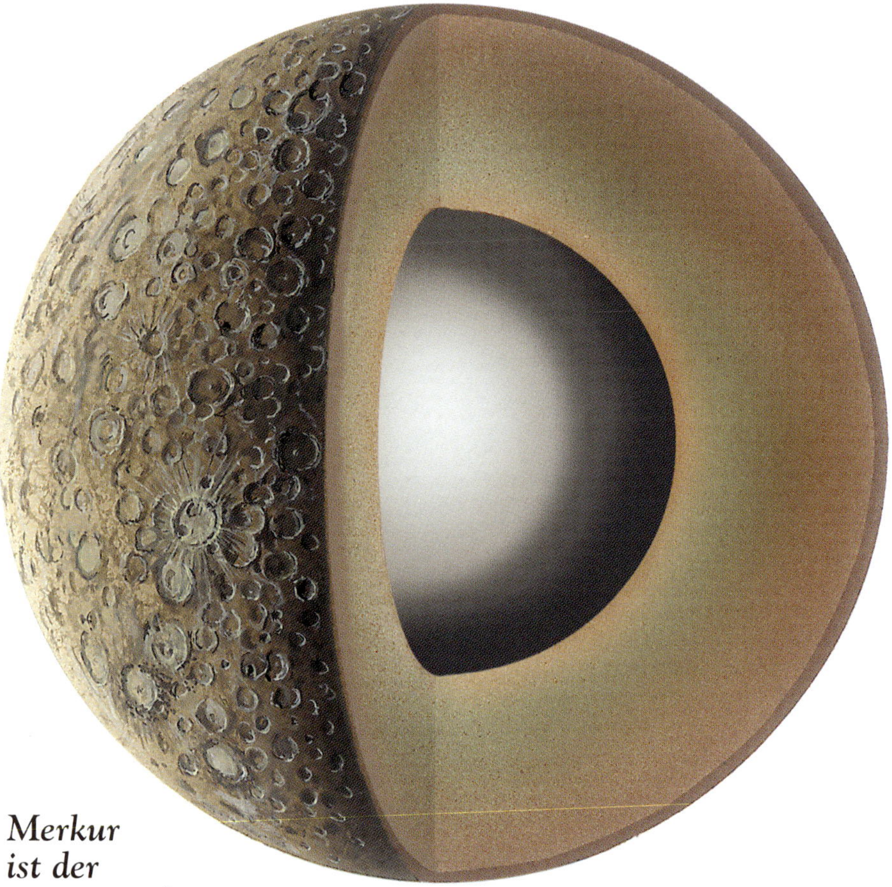

**_Merkur ist der sonnennächste Planet. Daher ist das Klima auf seiner Oberfläche besonders unwirtlich. Merkur ist im Sonnensystem der Planet mit dem größten Metallgehalt._**

*Die mittlere Entfernung des Merkurs zur Sonne beträgt 58 Millionen km (fast 3-mal weniger als die der Erde). Merkur hat 18-mal weniger Masse als die Erde und ist auch viel kleiner: Sein Durchmesser ist knapp halb so groß wie der der Erde.*

## Ein großer Kern

Gegen Ende der Entstehung des Merkurs war der Planet flüssig (sein Inneres war etwa 10000 °C heiß). Dadurch konnten die schwersten Elemente, die Metalle, zur Mitte hin wandern, bis der Kern fast ausschließlich aus Eisen bestand. Der Kern ist heute überraschend groß. Im Verhältnis zur Größe des Planeten ist er sogar der größte im Sonnensystem. Wie konnte das geschehen?

## Eine bombardierte Oberfläche

Wie alle Planeten war Merkur kurz nach seiner Entstehung für etwa eine Million Jahre einem starken Bombardement durch Meteoriten ausgesetzt. Die Oberfläche des Merkur ist seitdem von Kratern jeglicher Größe zerklüftet. Der größte Krater, das Caloris-Becken, hat einen Durchmesser von 1350 km. Der Einschlag des Meteoriten war so heftig, dass dabei ein großer Teil der noch zähflüssigen Merkuroberfläche aufgerissen wurde.

*Das Caloris-Becken entstand durch den Aufprall eines riesigen Meteoriten, der den ganzen Merkur erschütterte.*

# Planet der Metalle

*Erst nach zwei Sonnenumläufen wendet Merkur der Sonne wieder dieselbe Seite zu. Vom Merkur aus gesehen zieht die Sonne eine komische Bahn: Sie geht auf, verlangsamt ihren Lauf, bewegt sich in die Gegenrichtung, um schließlich wieder ihre normale Bahn zu ziehen. Die Sonne vollführt am Himmel also jeden Tag scheinbar eine Zickzack Bewegung.*

## Keine Atmosphäre

Merkur hat keine Monde. Der Planet hat auch keine Atmosphäre. Das liegt daran, dass er zu wenig Masse hat und die Gravitation daher nicht stark genug ist, um Gasmoleküle lange an sich zu binden. Diese verschwanden daher schon vor langer Zeit.

## Das Auf und Ab der Temperaturen

Da Merkur dicht an der Sonne liegt und zudem keine schützende Atmosphäre besitzt, gibt es große Temperaturunterschiede auf seiner Oberfläche: Die Temperatur schwankt zwischen 430 °C auf der Tag- und – 180 °C auf der Nachtseite. Trotz dieser extremen Bedingungen haben Astronomen vor einigen Jahren Eis auf dem Merkur entdeckt. Es ist auf dem Grund von Kratern versteckt, die an den Polen liegen. Dort scheint die Sonne niemals hin.

*Auf dem Merkur nimmt man besser kein Sonnenbad! Der Planet hat keine Atmosphäre, die die gefährlichen Strahlen der Sonne filtert. Die Sonne steht mehrere Erdenmonate lang am Himmel und es werden Temperaturen erreicht, bei denen Blei und Zinn schmelzen. Währenddessen würden auf der Nachtseite sogar Gase gefrieren.*

# Venus: Willkommen

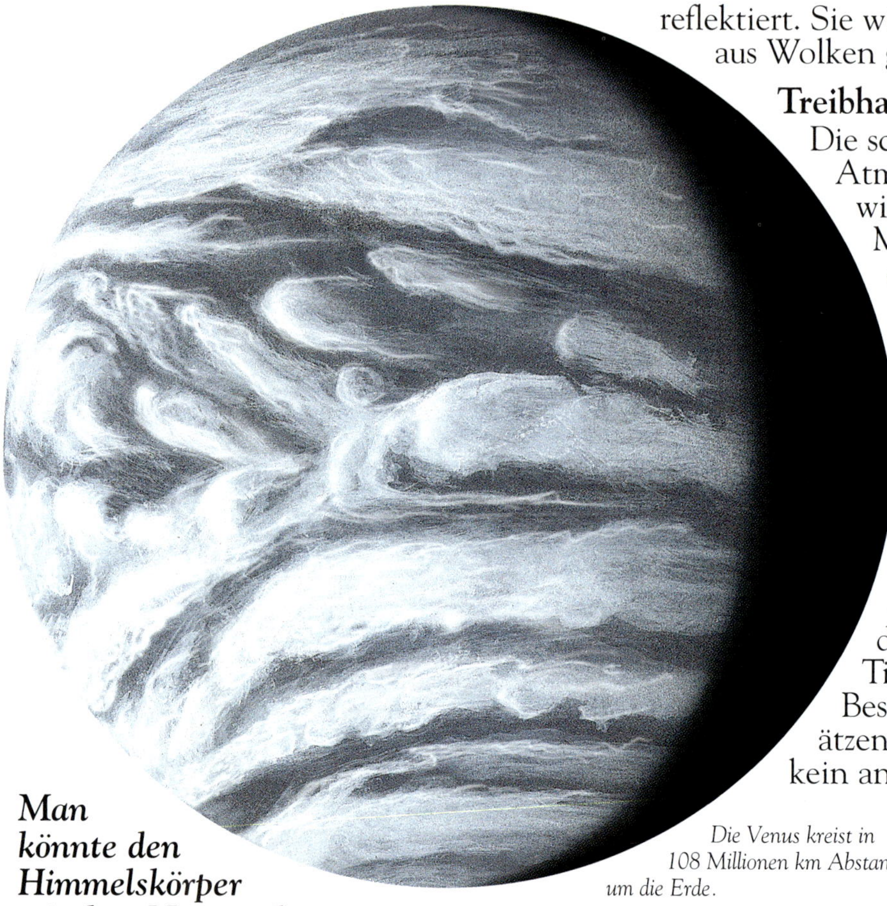

*Man könnte den Himmelskörper mit dem Namen der Liebesgöttin für einen Zwilling unseres Planeten halten, da er ungefähr so groß wie die Erde ist. Aber weit gefehlt!*

## Der Abendstern

Viele Leute wissen nicht, dass der Abendstern kein Stern ist, sondern die Venus, der zweite Planet in unserem Sonnensystem. Die Venus leuchtet so hell, weil ihre Oberfläche das Sonnenlicht besonders gut reflektiert. Sie wird von einer dichten Schicht aus Wolken gebildet.

## Treibhauseffekt und Säure

Die schwere und ungeheuer dichte Atmosphäre der Venus funktioniert wie ein Schutzschild. Sie hält Meteoriten von der Oberfläche des Planeten fern. Doch sie hat noch andere Auswirkungen. Die Atmosphäre sorgt für einen starken Treibhauseffekt. Sie besteht vor allem aus Kohlendioxid, das die eingestrahlte Sonnenwärme nicht mehr in den Weltraum entweichen lässt. Das Ergebnis: Die Oberfläche der Venus ist 470 °C heiß und der Atmosphärendruck entspricht dem Druck, der auf der Erde in der Tiefsee herrscht. Ein weiterer Bestandteil ihrer Atmosphäre sind ätzende Schwefelsäuredämpfe. Fürwahr kein angenehmer Ort!

*Die Venus kreist in 108 Millionen km Abstand um die Erde.*

*Die Oberfläche der Venus wird von großen Ebenen (hier blau) und im Durchschnitt 4 km hohen Felsplateaus gebildet.*

# in der Hölle

*Weil sie nicht so schnell erkalten wie z. B. auf der Erde, fließen die Lavaströme auf der Venus viele Tausend km, bevor sie erstarren.*

*Diese merkwürdig geformten Vulkankegel sind 700 m hoch und haben einen Durchmesser von 27 km.*

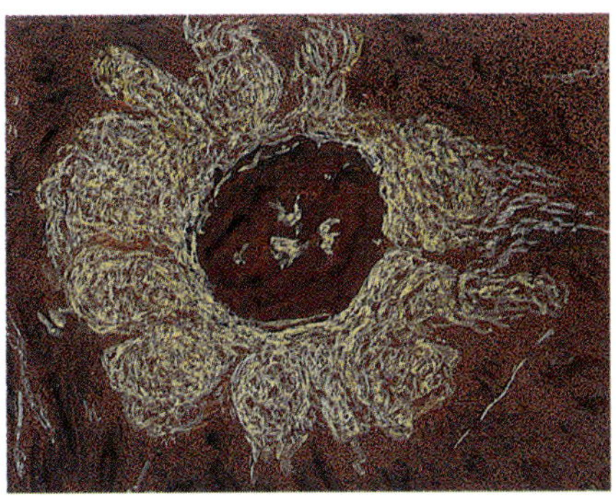

*Die durch die Atmosphäre abgebremsten Meteoriten hinterlassen auf der Venus blütenähnliche Einschlagkrater.*

## Überall Vulkane

Die amerikanische Raumsonde Magellan umkreiste 1990 die Venus. Mit ihrem Radargerät konnte sie die Atmosphäre durchdringen und die Oberfläche kartographieren.

Sie entdeckte große Ebenen, die etwa 85 % der Venus bedecken, gewaltige Hochplateaus und beeindruckende Berge. Der Mount Maxwell ist mit 11 800 m höher als der höchste Berg der Erde.

Die Sonde hat aber vor allem Anzeichen für einen starken Vulkanismus gefunden: tausende von Lavaströmen, die erst vor kurzem erstarrt sind, und viele Vulkane in merkwürdigen Formen.

## Eine andere Drehrichtung

Die Venus dreht sich in 243 Erdentagen einmal um sich selbst. Sie dreht sich dabei anders herum als die übrigen Planeten.

In 225 Tagen kreist die Venus einmal um die Sonne. Venus und Merkur sind die einzigen Planeten des Sonnensystems ohne Monde.

*Die öden und verbrannten Landschaften der Venus werden von einer 100 km dicken Atmosphäre umschlossen, die von Schwefelsäuredämpfen durchsetzt ist.*

# Die Erde, unser

***In 150 Millionen km Entfernung kreist ein kleiner Planet um die Sonne, der keinem anderen ähnelt. Seine schöne blaue Farbe hat er von seinen Meeren; sie kontrastiert mit dem Weiß der Wolken: unser Planet, die Erde!***

## Ein lebendiger Planet

Die Erde ist der einzige Planet des Sonnensystems, auf dem es Leben gibt. Wie konnte dieses Wunder geschehen? Es wirkte vieles zusammen. Die Wärme der Sonne und die Eigenwärme der Erde sorgten für die ideale Temperatur, bei der Wasser, die Grundlage allen Lebens, flüssig ist.

Am Anfang bestand die Atmosphäre der Erde vor allem aus Kohlendioxid. Sie war nicht atembar. Aber die ersten Lebensformen in den Ozeanen konnten das Kohlendioxid in Kohlenstoff und den für uns so wichtigen Sauerstoff aufspalten.

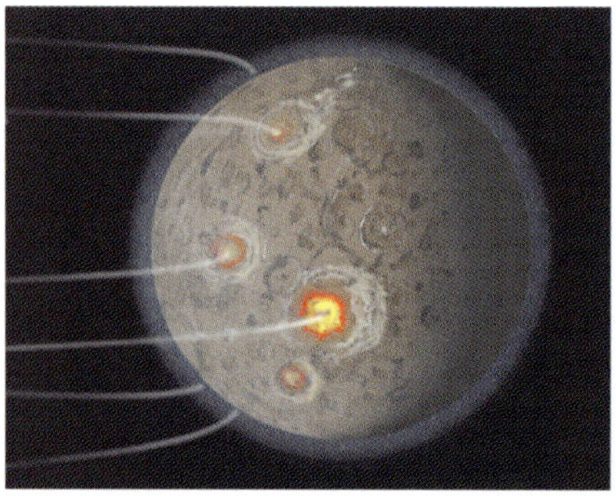

*Kurz nach ihrer Entstehung war die Erde einem ständigen Meteoritenbeschuss aus dem All ausgesetzt. Die Aufschläge setzten so viel Energie frei, dass das Gestein der Erde schmolz.*

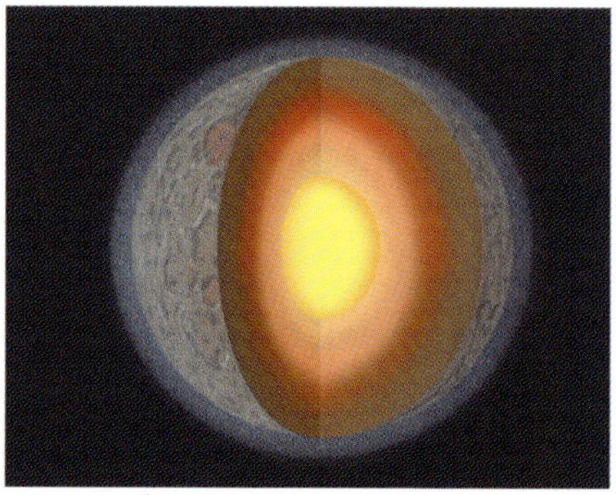

*Nach und nach wurden die Einschläge seltener und es konnte sich auf der Erdoberfläche eine feste Kruste bilden. Im Inneren war die Erdkugel aber noch immer flüssig und die schweren Metalle setzten sich im Kern ab.*

*So sah es auf der Erde aus, als auf ihr vor 4 Milliarden Jahren das Leben entstand. Es hatten sich bereits Ozeane gebildet. Aber noch immer fielen häufig Meteoriten herab oder das Erdinnere „kochte über" und Vulkane entstanden.*

# Blauer Planet

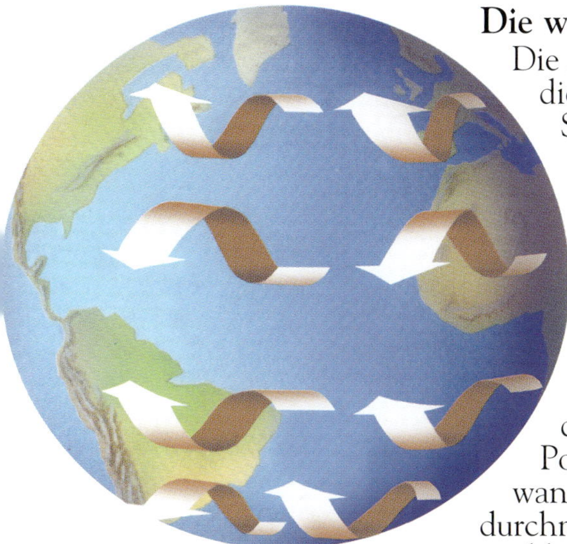

## Die wertvolle Atmosphäre

Die Atmosphäre ist die Grundlage des Lebens. Sie funktioniert nach komplexen Regeln: Durch die Erdrotation werden die Luftschichten in Bewegung gesetzt. Die heiße Luft vom Äquator zieht es zu den Polen, während die kalte Luft von den Polen zum Äquator wandert. So wird die Luft durchmischt und die Temperatur bleibt relativ konstant.

## Der Wasserkreislauf

Durch Luftdruckunterschiede entstehen Winde, die zur Durchmischung der Atmosphäre beitragen. Über den Meeren verdunstet die Sonne das Wasser und feuchte Luft steigt auf. Es bilden sich Wolken. Der Wind trägt die warme und feuchte Luft in Richtung der Kontinente. Wenn die Luft kein Wasser mehr aufnehmen kann, z. B. wenn sich die Wolken an einem Berg stauen, beginnt es zu regnen oder zu schneien. Die Luft kühlt ab und sinkt zu Boden. Es entstehen Bäche und Flüsse, die wieder in die Meere münden.

*In einem tropischen Tiefdruckgebiet steigt warme, feuchte Luft auf, hier regnet es häufig. In den Tropen können aus Tiefdruckgebieten Zyklone entstehen. Tiefdruckgebiete funktionieren wie ein Staubsauger und heben den Meeresspiegel etwas an.*

*In einem Hochdruckgebiet sinkt die inzwischen trockene und in großen Höhen erkaltete schwere Luft wieder zu Boden. Die wolkenlose Luft ermöglicht es den Sonnenstrahlen den Boden zu erwärmen. In einem Hochdruckgebiet wird der Meeresspiegel etwas nach unten gedrückt.*

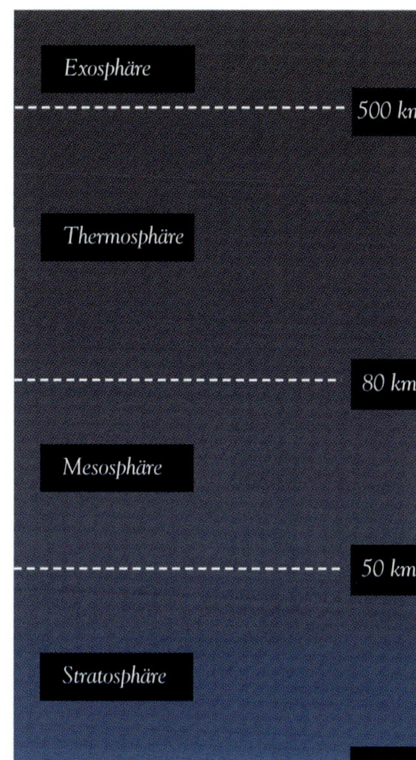


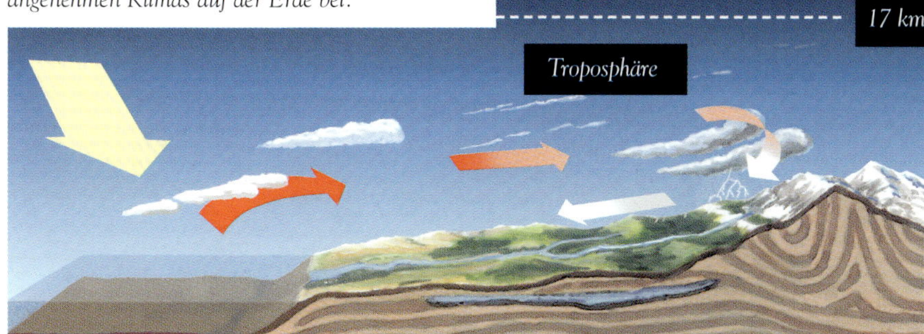

*Das Wasser verdunstet, fällt als Regen wieder auf die Erde, versickert und gelangt schließlich durch Flüsse wieder ins Meer. Der Wasserkreislauf trägt wesentlich zur Erhaltung des angenehmen Klimas auf der Erde bei.*

# Tief in

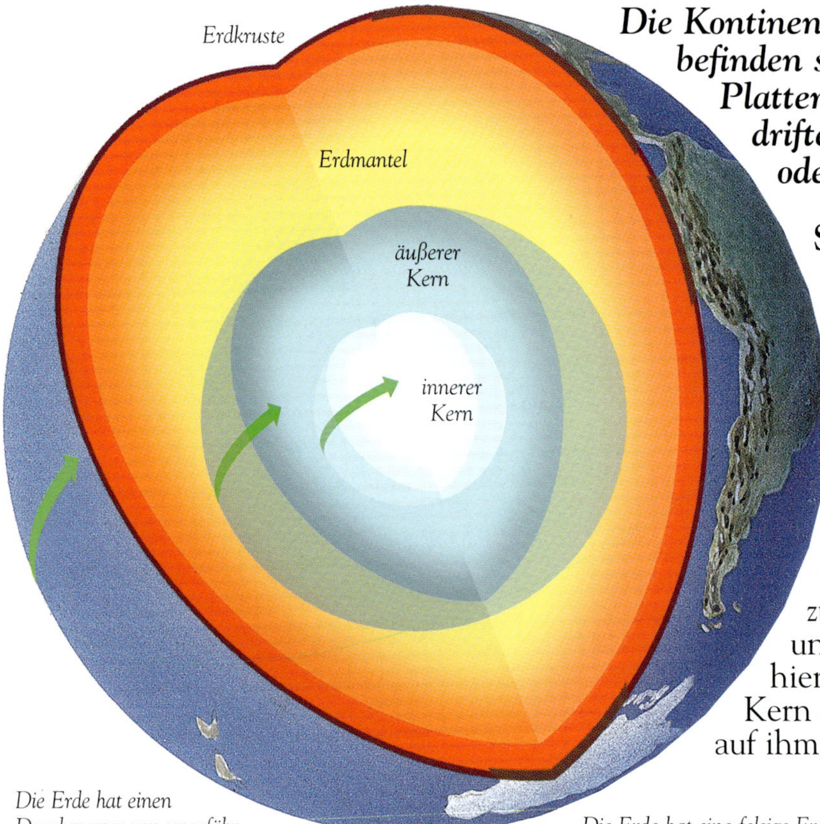


**_Die Kontinente, auf denen die Menschen leben, befinden sich auf beweglichen Flößen, den Platten. Abhängig von ihren Bewegungen driften die Kontinente aufeinander zu oder voneinander weg._**

## Schichten

Die Erde besteht aus mehreren konzentrischen Schichten. Die Oberfläche wird von der Erdkruste gebildet, die unter den Kontinenten etwa 40 km, unter den Meeren etwa zehn km dick ist. Darunter folgt der Mantel, der teilweise geschmolzen ist. Er ist etwa 3000 km dick. Der Kern im Inneren setzt sich vor allem aus Eisen und Nickel zusammen. Der äußere Kern ist flüssig und heiß, die Temperaturen erreichen hier 3700 °C. Dagegen ist der innere Kern durch den enormen Druck, der auf ihm lastet, fest.

*Die Erde hat einen Durchmesser von ungefähr 12 700 km.*

*Die Erde hat eine felsige Erdkruste und darunter einen dicken Mantel. Der Kern ist immer noch sehr heiß.*

*Ein Gebirge wie die Anden wird aufgeworfen, wenn eine ozeanische Platte unter einer Kontinentalplatte abtaucht.*

*Heißes Magma aus den Tiefen der Erde bricht zwischen zwei sich entfernenden Platten an die Oberfläche und formt Unterwassergebirge.*

*Ein Gebirge wie der Himalaja entsteht, wenn zwei Kontinentalplatten aufeinander treffen und sich zusammenfalten.*

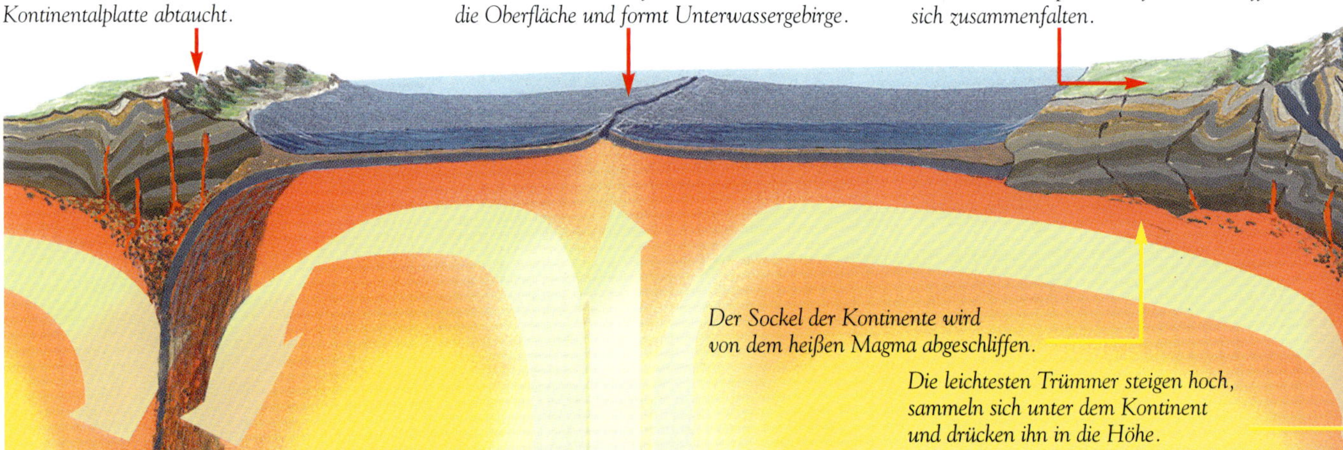

# der Erde

*Alle Ozeane der Erde sind von langen Unterwassergebirgsketten durchzogen. Diese Bergrücken markieren den Bruch zwischen zwei auseinander driftenden ozeanischen Platten. Durch den entstehenden Spalt dringt ständig Magma aus dem Erdinneren und türmt das Gebirge weiter auf.*

## Etwa zehn Platten

Die Erdkruste schwimmt auf dem Erdmantel, der ständig in Bewegung ist. Sein Material schmilzt durch die Hitze im Kern, steigt auf, erkaltet und sinkt wieder ab. Wie bei der Sonne findet auch hier ein Wärmeaustausch durch große Wirbel statt (Konvektion). Die Erdkruste ist in etwa zehn Platten unterteilt. Sie verschieben sich unter dem Einfluss der Bewegungen des Erdmantels.

## Das Gesicht der Erde

Es gibt Kontinentalplatten, die die Kontinente bilden, und ozeanische Platten, auf deren Oberfläche sich die Weltmeere befinden. Durch die Bewegung der Platten verändert sich das Gesicht unserer Erde ständig. Wenn z. B. eine Platte unter einer anderen abtaucht (Subduktion), entstehen Tiefseegräben. Außerdem bilden sich Vulkane und Bergketten. An anderen Stellen stoßen zwei Platten zusammen oder driften auseinander. Dabei entstehen häufig ebenfalls Gebirge. Sie sind anschließend natürlich wieder den Einflüssen von Wind und Wasser auf der Erdoberfläche ausgesetzt.

*Ein kontinentaler Graben: Dieser Kontinent wird auseinander brechen und einen neuen Ozean zwischen sich bilden.*

*Die japanische Inselgruppe ist vulkanischen Ursprungs. Sie entstand über einer Subduktionszone.*

*In diesen Zonen, in denen eine ozeanische Platte unter einer Kontinentalplatte abtaucht, entstehen Tiefseegräben und Vulkane.*

# Das Magnetfeld

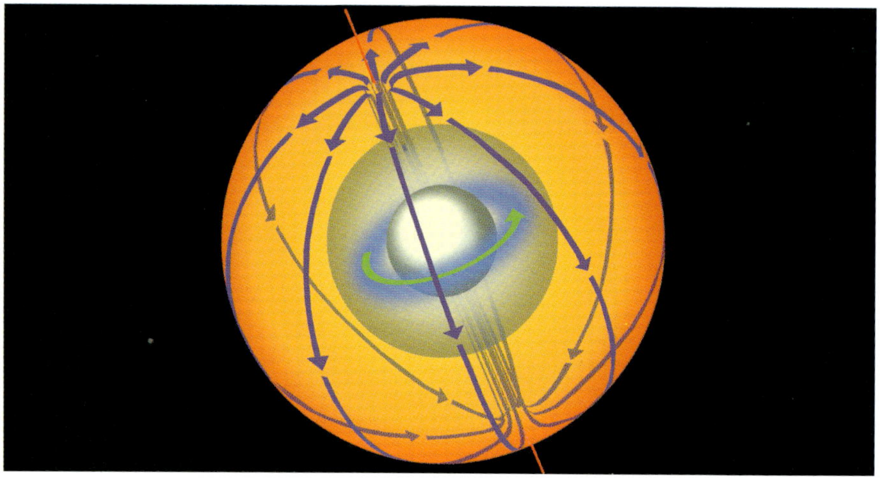

**_Aufgrund ihres großen Eisenkerns verhält sich die Erde wie ein riesiger Magnet. Um sich herum hat sie ein starkes Magnetfeld aufgebaut. Zum Glück, denn ohne dieses Magnetfeld wären wir nicht gegen die Ausbrüche der Sonne und vor allem nicht gegen den Sonnenwind geschützt._**

*Auf dem Mittelozeanischen Rücken kann man feststellen, dass das Magnetfeld der Erde gelegentlich die Richtung wechselt. Die dunklen Flächen sind in süd-nördlicher Richtung ausgerichtet, die hellen in nord-südlicher.*

## Noch ein Dynamo

Das Magnetfeld der Erde entsteht durch die Rotationsbewegungen des Metallkerns. Wie bei der Sonne ergibt sich daraus ein Dynamoeffekt. Die Forscher sind sich noch nicht sicher, welcher Teil der Erde für diesen Effekt zuständig ist: der flüssige äußere Kern oder der feste Kern in der Mitte? Oder beide? Vielleicht der innere Kern, der sich in dem flüssigen Metall des äußeren Kerns mit einer anderen Geschwindigkeit dreht als der Rest. Dabei entstünde Strom, der ringförmig um den Kern fließen würde. Dies würde wiederum ein Magnetfeld erzeugen.

## Ein irritierter Kompass

Jeder Magnet ist durch einen Nord- und einen Südpol gekennzeichnet. Auf der Erde ist es leicht, die Richtung des Nordpols herauszufinden: Jeder Kompass zeigt sie an. In manchen vulkanischen Gegenden weist der Kompass aber stattdessen nach Süden. Das beweist, dass das Magnetfeld der Erde in der Vergangenheit seine Richtung gewechselt hat. Der Nordpol wurde zum Südpol und umgekehrt.

*Der Van-Allen-Gürtel umschließt die Erde. Er wurde 1958 von dem amerikanischen Satelliten Explorer entdeckt. In ihm werden durch das Magnetfeld der Erde geladene Teilchen festgehalten.*

# der Erde

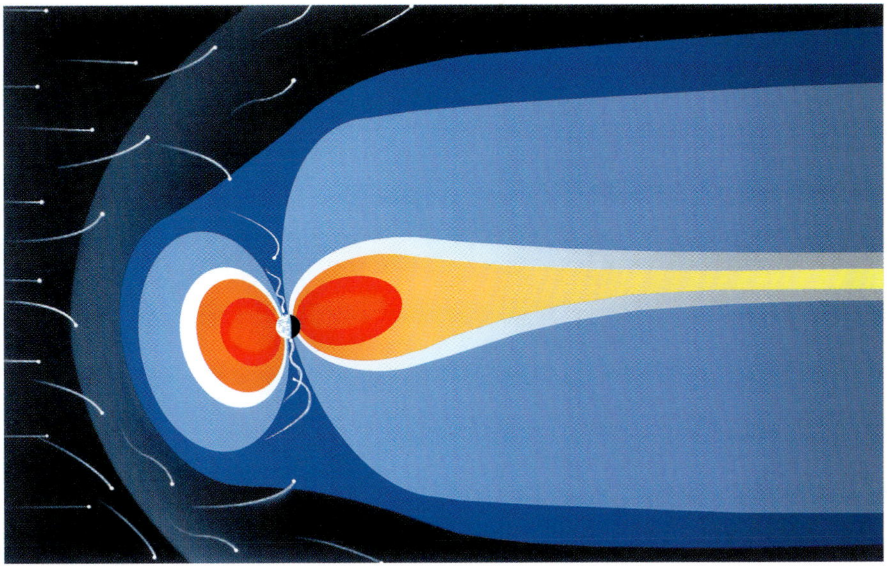

Das Magnetfeld der Erde reicht weit in den Raum hinein. Seine Form wird durch den Sonnenwind geprägt. Diesen Bereich nennt man Magnetosphäre. Die Magnetosphäre dient den Lebewesen auf der Erde als Schutzschild. Sie lenkt die gefährlichen Teilchen, die von der Sonne ausgehen, ab. Doch manche dieser Teilchen dringen in die Atmosphäre ein. Sie folgen den Feldlinien der Erde und können bei den Polen in Erdnähe gelangen. Dabei treffen sie auf Atome und Moleküle der Atmosphäre und entreißen ihnen Elektronen. Die Atome und Moleküle reagieren darauf, indem sie ein farbiges Licht aussenden: Die Polarlichter entstehen. Sie sehen aus wie Vorhänge aus regenbogenfarbigem Licht.

**Die gefährliche Umkehrung**

Aber warum verändert sich das Magnetfeld der Erde? Diese Frage ist noch nicht ganz geklärt. Vielleicht beginnen die Schichten flüssigen Metalls, die dem inneren Kern am nächsten sind, sich zu drehen, und rotieren schließlich schneller als der Kern. Dabei würde sich das Magnetfeld umkehren. Aber vielleicht spielt auch die Sonne eine Rolle: Sie könnte durch starke elektrische Ströme den Dynamoeffekt der Erde stören oder verstärken – denn dieser Mechanismus ist sehr empfindlich. Während einer Umkehrung des Magnetfeldes sind die Erde und ihre Bewohner nicht mehr gegen die Teilchen des Sonnenwinds geschützt. Für das Leben auf der Erde wird es dann gefährlich.

Zu dieser Zeit erkalteten viele Vulkane; ihre magnetischen Teilchen erstarrten und behielten ihre Ausrichtung bei. Proben vom Grund der Meere haben ebenfalls bewiesen, dass sich die Richtung des Magnetfeldes im Laufe der Geschichte der Erde häufiger geändert hat (siehe Bild).

*Normalerweise sind Polarlichter nur in der Nähe der Pole zu sehen. Wenn der Sonnenwind aber besonders stark ist, können sie auch bei uns erscheinen. Wenn die Inuit Polarlicher sehen, sagen sie, die Geister ihrer Vorfahren kommen sie besuchen*

# Der Mond, der

***Der Mond, der einzige natürliche Satellit der Erde, beflügelt seit langem die Fantasie der Menschen. Und seit genau so langer Zeit schützt er uns …***

In vielen Kulturen ist der Mond ein Symbol für Weiblichkeit. Sein weiches Licht wird dem gleißenden Licht der Sonne entgegengesetzt. Schon früh meinten die Menschen in den dunklen Regionen des Mondes Meere zu sehen. Sie stellten sich vor, dass diese von Seeleuten befahren würden. „Mond" bedeutete ursprünglich: Wanderer am Himmel.

*Die mittlere Entfernung des Mondes zur Erde beträgt 384 400 km. Sein Durchmesser beläuft sich auf etwa 3500 km (etwa ein Viertel des Erddurchmessers). Seine Masse entspricht etwa einem Zehntel der Masse der Erde. Der Mond hat eine Kruste von etwa 70 km Dicke, unter der ein Gesteinsmantel liegt. Dieser ist außen fest und wird nach Innen hin weicher. Er umhüllt möglicherweise einen Eisenkern.*

**Die Eroberung**

Schon immer träumten die Menschen davon, den Mond zu erobern.

Cyrano de Bergerac stellte sich vor, mit einem mit Morgentau gefüllten Ballon, der von der Sonne aufgeheizt werden sollte, zum Mond aufzusteigen. Jules Verne veröffentlichte 1865 den Roman „Von der Erde zum Mond", in dem die Helden in einem Geschoss, das in der Nähe des heutigen Cap Kennedy abgefeuert wird, losfliegen. Die Comic-Figuren Tim und Struppi flogen in „Reiseziel Mond" zum Mond und fanden dort Eis (erst vor kurzem wurde dieser Fund von Wissenschaftlern bestätigt!).

Alle diese Träume wurden am 20. Juli 1969 wahr, als Neil Armstrong als erster Mensch den Mond betrat.

# Begleiter der Erde

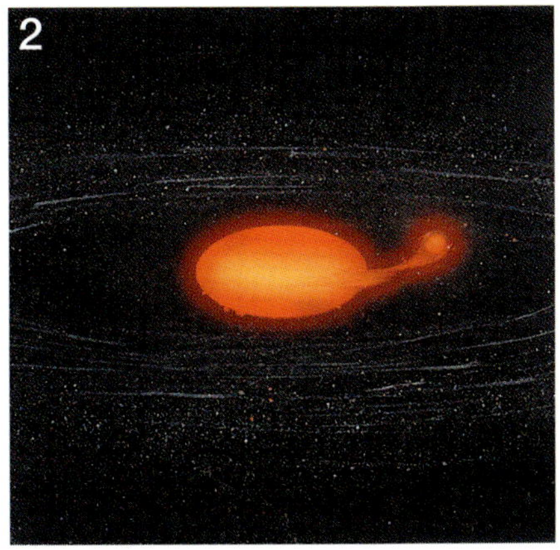


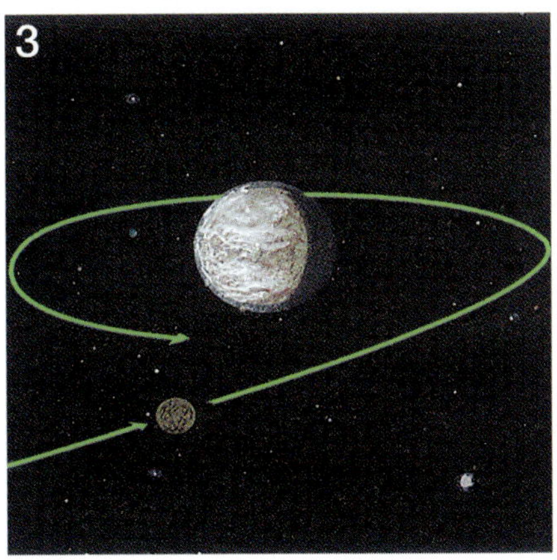


## Ein Spielball der Gravitation

Sowohl die Anziehungskraft der Erde als auch die der Sonne bestimmen die Bewegung des Mondes. Er bewegt sich schneller, wenn er bei seiner Bahn um die Erde auf die Sonne zufliegt, und langsamer, wenn er gegen die Anziehungskraft der Sonne ankämpfen muss. Außerdem wird die Umlaufbahn des Mondes jedes Jahr um 3 cm weiter. In vielen Millionen Jahren wird der Mond vielleicht sogar die Bahn um die Erde verlassen und wie ein Planet um die Sonne kreisen.

## Ein Schutzschild für die Erde

Die vielen Einschlagkrater auf dem Mond bezeugen, dass er von vielen Meteoriten getroffen wurde. Tatsächlich hat er viele dieser Vagabunden im Sonnensystem, die sonst auf die Erde gefallen wären, angezogen. Ohne Mond hätte die Erde einige Einschläge mehr verkraften müssen.

## Die Entstehung des Mondes

Der Mond ist ca. 4,5 Milliarden Jahre alt und hat damit ein ähnliches Alter wie die Erde. Aber wie ist er entstanden? Darüber gibt es mehrere Theorien. Eine besagt, dass Mond und Erde zur Zeit der Entstehung der Planeten aus demselben Körper entstanden. Dieser Körper habe sich zu schnell gedreht und sich dadurch in zwei Teile zerlegt, einen Mond- und einen Erdteil (1 und 2). Laut einer anderen Theorie ist der Mond in größerer Entfernung entstanden und wurde von der Erde eingefangen (3). Am wahrscheinlichsten aber ist, dass die Erde von einem riesigen Meteoriten getroffen wurde (4). Dabei wurden Teile der Erdkruste und des Mantels in den Raum geschleudert. Diese Materie bildete einen Ring von Trümmern um die Erde. Nach und nach ballten sich die Trümmer zusammen und bildeten schließlich den Mond.

# Eine graue

***Es ist schon lange her, dass man den Mond für bewohnt hielt. Spätestens seit den Raumflügen weiß man, dass er eine leblose Gesteinswüste ist. Er ist von weiten Ebenen vulkanischen Ursprungs bedeckt, von Kratern aller Größen und von einer dicken Schicht Staub.***

## Die versteckte Seite

Der Mond braucht für eine Erdumdrehung genauso lange wie für eine Umdrehung um sich selbst, nämlich 27 Tage, 7 Stunden und 43 Minuten. Deshalb wendet er der Erde immer dieselbe Seite zu und kein Mensch bekam je seine andere Seite zu Gesicht. Erst im Oktober 1959 sendete die sowjetische Sonde Luna 3 erste Bilder von der versteckten Rückseite des Mondes.

## Geheimnisvoll

Die Rückseite des Mondes sieht völlig anders aus als seine Vorderseite: Sie ist noch stärker von Kratern zerfurcht und zeigt keine dunklen Flecken, so genannte Meere, wie sie die Vorderseite kennzeichnen.

*So sah der Mond vor 3,9 Milliarden Jahren aus. Er hatte bereits große Einschlagkrater.*

*Vor etwa 3 Milliarden Jahren brachen große Mengen Lava an den dünneren Stellen durch die Kruste.*

*Nachdem sie abgekühlt waren, wurden auch diese „Meere" des Mondes wieder von Meteoriten getroffen.*

Wüste

Die Forscher lösten dieses Rätsel: Sie erkannten, dass die Rückseite einem viel stärkeren Bombardement von Meteoriten ausgesetzt war als die erdzugewandte Seite.

## Lavafluten

Kurz nach seiner Entstehung wurde der Mond von vielen Meteoriten getroffen, die tiefe Krater in seiner Oberfläche hinterließen. Vielleicht wurde die dünnere Kruste auf der Vorderseite sogar durchlöchert. In jedem Fall drang kurze Zeit später Magma aus den Tiefen des Mondes an die Oberfläche. (Der Mond war zu dieser Zeit noch heiß und innen flüssig, was heute nicht mehr der Fall ist.) Lava überflutete die großen Einschlagkrater und bildete die dunklen Meere auf der Vorderseite. Die Kruste der Rückseite war fester. Deshalb gibt es dort keine „Meere".

## Eine dicke Staubschicht

Der Mond besitzt keine Atmosphäre und immer noch gehen Meteoriten auf seiner Oberfläche nieder. Die Trümmer dieser Einschläge bilden eine Schicht aus feinem Staub, die an manchen Stellen bis zu 15 cm dick ist.

*Das orientalische Becken, ein riesiger Krater mit einem Durchmesser von 900 km, bezeugt, welche Kraft die Einschläge hatten, die den Mond vor etwa 4 Milliarden Jahren trafen.*

# Mars, der

Der Mars hat 10-mal weniger Masse als die Erde. Sein Durchmesser ist mit 6800 km etwa halb so groß wie der unseres Planeten. Der Mars hat zwei winzige Monde, Phobos und Deimos, die 1877 entdeckt wurden.

***Der vierte Planet unseres Sonnensystems trägt den Namen des römischen Kriegsgottes Mars. Seine rote Farbe verdankt er den eisenhaltigen Felsen. Dieser auffällige Planet regte zu allen Zeiten die Fantasie der Menschen an. Um keinen Planeten ranken sich so viele Mythen wie um ihn.***

## Ein Kanalsystem

Ende des 19. Jahrhunderts glaubten viele Astronomen, die jahreszeitabhängigen Farbveränderungen auf dem Mars hingen mit der Vegetation zusammen. Niemand war also überrascht, als der amerikanische Astronom Percival Lowell Karten von einem künstlichen Bewässerungssystem zeichnete, mit dem das Wasser von den Polkappen in tropische Regionen geleitet würde. Eine Kultur, die ihren Planeten derart beherrschte, konnte der auf der Erde nur überlegen sein.

## Science-Fiction

Die Kanäle existierten nur in der Fantasie der Astronomen, aber Ende des 19 Jahrhunderts kamen die Marsmenschen in Mode! 1898 schrieb der Engländer Herbert George Wells den Roman „Der Krieg der Welten“, in dem dreifüßige und mit zerstörerischen Lichtstrahlen ausgestattete

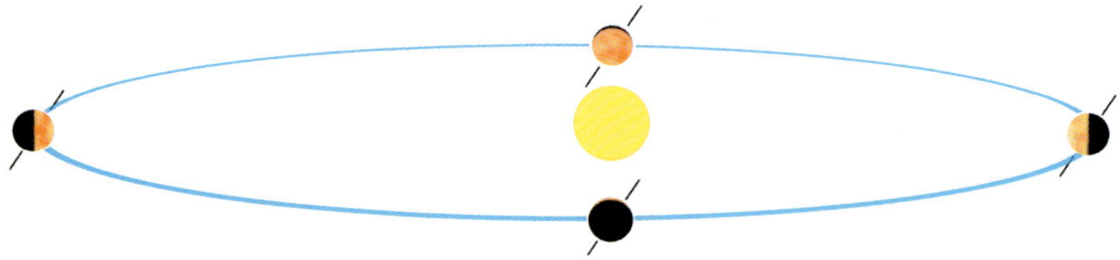

Die Neigung des Mars auf seiner Umlaufbahn entspricht fast der der Erde. Auf dem Mars gibt es daher auch Jahreszeiten. In ihrem Wechsel kann man die weißen Polkappen des Mars wachsen und schrumpfen sehen. Heute weiß man, dass die unterschiedliche Färbung der Oberfläche durch die starken Winde auf dem Planeten entsteht.

# Rote Planet

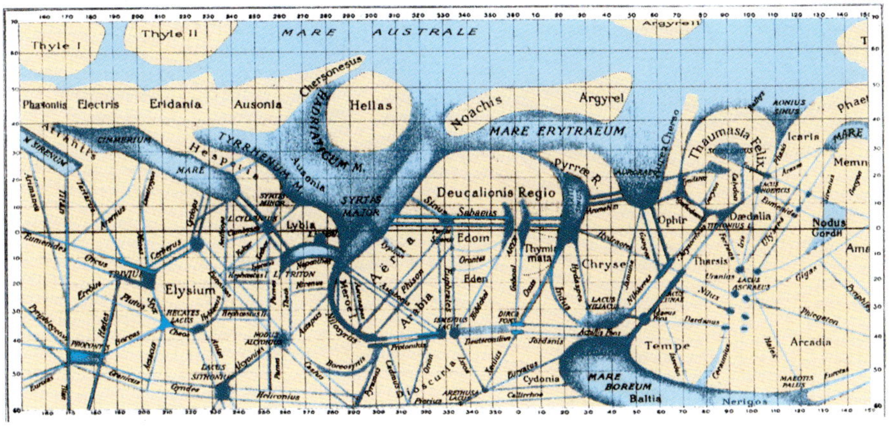


*Eine der Karten mit den Marskanälen vom Ende des 19. Jahrhunderts. Obwohl die Kanäle nicht wirklich da waren, wurden sie von vielen Astronomen „gesehen".*

Marsmenschen auf der Erde einfallen und schließlich nur von irdischen Bakterien besiegt werden können. Der amerkanische Schauspieler und Regisseur Orson Welles versetzte noch 1938 die USA mit einem realistischen Hörspiel über die Landung der Marsmenschen in Panik.

**Und heute?**

Wegen der dünnen Atmosphäre auf dem Mars ist Leben auf diesem Planeten nicht sehr wahrscheinlich. Aber mehrere Sonden, die den Mars überflogen haben oder auf ihm gelandet sind, entdeckten Formen, die Flussbetten ähneln. Es scheint also so, als wäre vor langer Zeit die Atmosphäre so warm und dicht gewesen, dass es flüssiges Wasser gab. Da Wasser Grundlage allen Lebens ist, könnte man sich vorstellen, dass es sehr einfache Lebensformen (z. B. Bakterien) auf dem Mars gegeben hat.

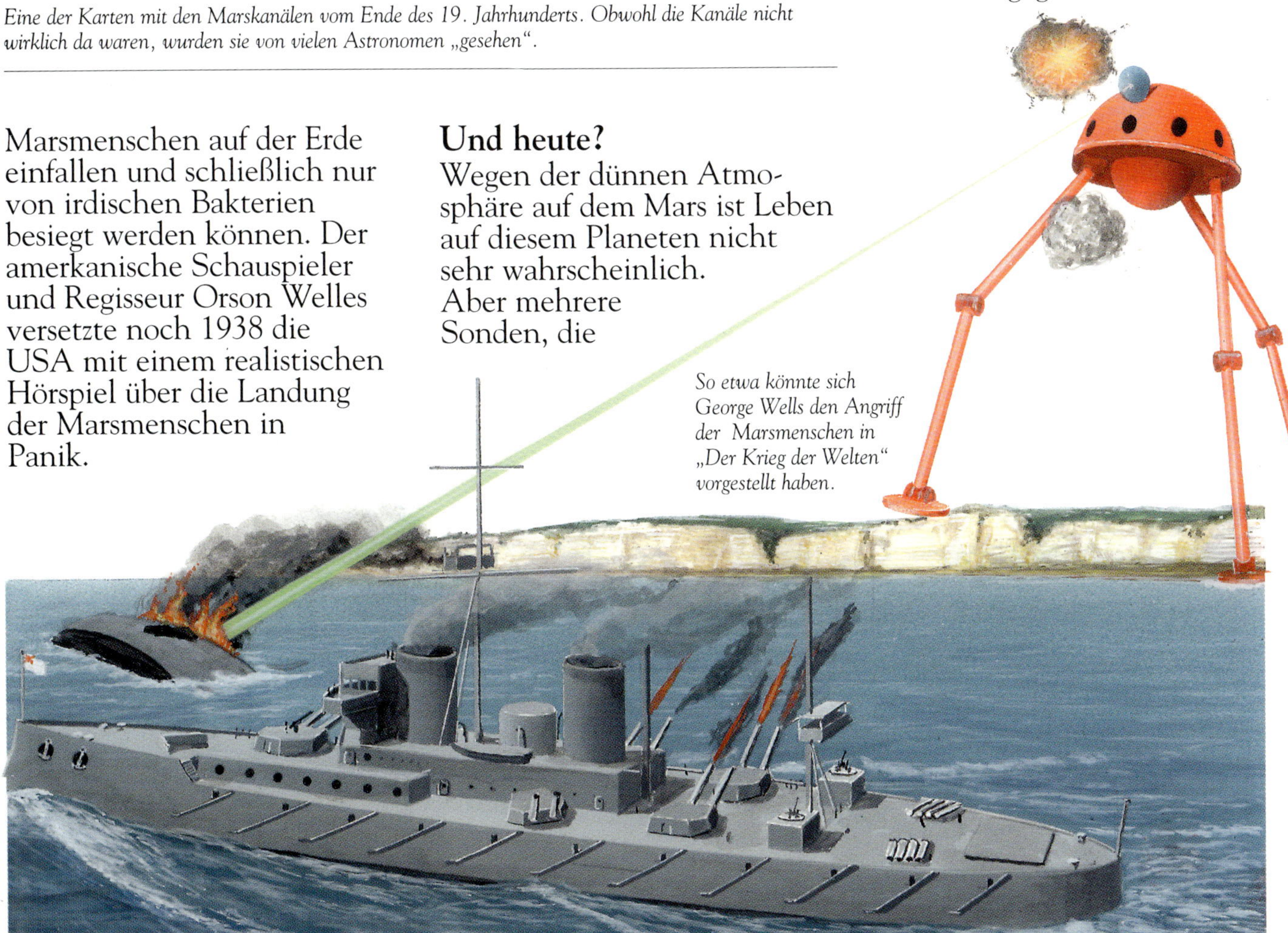

*So etwa könnte sich George Wells den Angriff der Marsmenschen in „Der Krieg der Welten" vorgestellt haben.*

# Landschaften

*Die Polkappen des Mars werden von Wassereis und Kohlendioxid-Schnee gebildet.*

***Nach dem Mond ist der Mars der am besten erforschte Himmelskörper unseres Sonnensystems. Zwar hat ihn noch kein Mensch betreten, aber viele Sonden haben sich ihm genähert oder sind sogar auf ihm gelandet. Sie haben uns Bilder von dem von Winden gepeitschten und mit Steinwüsten überzogenen Planeten gesandt.***

**Was geschah mit dem Wasser?**
Wasser gab es in der Vergangenheit reichlich auf dem Mars. Aber was ist mit ihm geschehen? Die Forscher vermuten, dass es zu einer Erwärmung kam, bei der ein Großteil der Atmosphäre des Mars verschwand. Durch den geringen Atmosphärendruck verdampfte nun auch ein Teil des Wassers ins Weltall. Das Klima kühlte anschließend wieder ab. Dabei gefror das restliche Wasser zu Eis.

Der zweite Bestandteil des Wassers, der Sauerstoff, trug dazu bei, dass das Eisen auf der Oberfläche des Planeten „rostete“. So erhielt der Mars seine Farbe. Das einzige Wasser, das es heute noch auf dem Mars gibt, befindet sich in Form von Eis in den Polkappen. Die Forscher vermuten aber, dass sich tief im Boden noch große Mengen von Eis verbergen könnten.

**Kann man auf dem Mars atmen?**
Die Atmophäre auf dem Mars ist 100-mal dünner als auf der Erde. Sie ist sehr bewegt, Stürme bis 200 km/h sind keine Seltenheit. Der Wind trägt feinen Staub und Eiskristalle mit sich. Diese schleifen die Oberfläche des Mars ab. Wir könnten in der Atmosphäre des Mars nicht atmen, da sie zu großen Teilen aus Kohlendioxid besteht. Aber manche Pflanzen, wie sie auf der Erde in hohen Regionen wachsen, könnten sich hier wohl fühlen.

# auf dem Mars

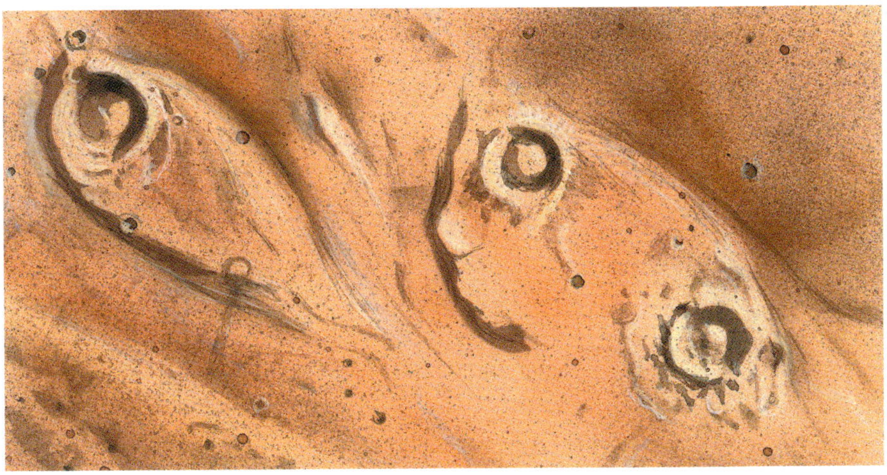

*Der feine Staub und die Eiskristalle, die der Wind mit sich trägt, schleifen die Landschaft auf dem Mars immer weiter ab.*

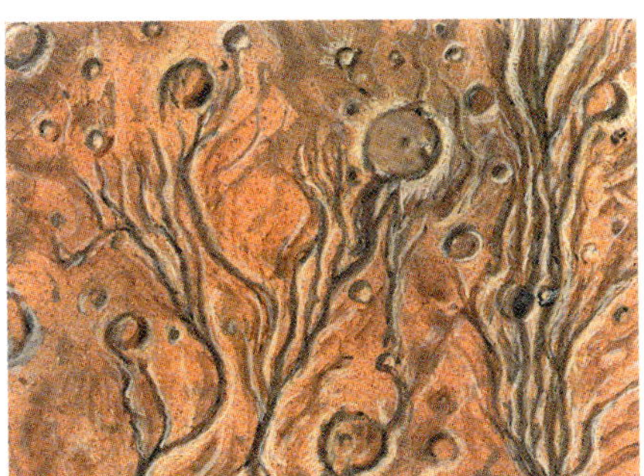

*An manchen Stellen liegen Einschlagkrater in ausgetrockneten Flusstälern.*

## Riesige Vulkane

Als der Mars jung war, schlugen auch auf ihm viele Meteoriten ein. Die Krater wurden mit der Zeit durch die Erosion und durch Vulkantätigkeit abgetragen. Durch die Marskruste drangen große Lavaströme und bedeckten die Ebenen. An manchen Stellen bildeten sich über 25 km hohe Vulkane. Sie haben einen Durchmesser von 200 km! Es sind die größten Vulkane des Sonnensystems, allerdings sind sie nicht mehr aktiv.

## Tiefe Cañons

An manchen Stellen hat der Boden sich gesenkt und öffnet sich zu tiefen Spalten, wie z. B. zu dem Valles Marineris. Dieser Marscañon ist 5 km tief, 200 km breit und 5000 km lang. Manchmal gehen große Felslawinen nieder. Dabei stürzen die Steine mit solcher Geschwindigkeit herab, dass sie erst durch den gegenüberliegenden Hang abgebremst werden. Sie füllen dabei den gesamten Cañon mit sehr feinem Staub.

# Asteroiden

Ring zwischen Mars und Jupiter um die Sonne. Man kennt knapp 20 000 Asteroiden. Die Forscher nehmen aber an, dass es Millionen von ihnen gibt. Der größte und zuerst entdeckte Asteroid, Ceres, hat einen Durchmesser von 900 km. Die kleinsten sind nicht größer als ein Kieselstein.

***Normalerweise würde zwischen Mars und Jupiter ein weiterer Planet kreisen. Aber Jupiters Gravitation hatte einen so großen Einfluss, dass sich dieser Planet niemals bilden konnte. An seiner Stelle kreist nun ein Gürtel von kleinen Körpern, der so genannte Asteroidengürtel, um die Sonne.***

## Trümmer

Asteroiden sind Trümmer aus der Zeit, als sich die Planeten bildeten. Wegen der störenden Gravitation des gewaltigen Nachbarn Jupiter konnten sie sich niemals zusammenballen. Sie kreisen daher als großer

## Ausreißer

Die meisten Asteroiden kreisen ruhig in dem Gürtel. Aber manchmal verlässt einer plötzlich seine Umlaufbahn und bewegt sich auf den Mars, die Erde oder den Mond zu. Der Mars, der ja dicht an dem Asteroidengürtel liegt, wurde mehrfach von solchen Körpern getroffen.

*Dieser Krater in Arizona, der bei einem Meteoriteneinschlag entstand, hat einen Durchmesser von mehr als 1200 m. Er ist einer von wenigen Einschlagkratern, die heute noch deutlich erkennbar sind; die meisten wurden von der Erosion abgetragen.*

# und Meteoriten

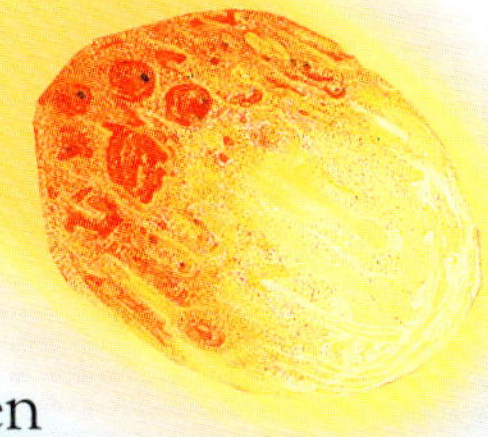

### Sternschnuppen

Asteroiden oder Kometen, die auf einen Planeten fallen, heißen Meteoriten. Zehntausende kleiner Meteoriten stürzen jedes Jahr in die Atmosphäre der Erde. Die meisten verglühen dabei und hinterlassen für kurze Zeit einen leuchtenden Streifen am Himmel: eine Sternschnuppe. Aber was würde passieren, wenn ein Meteorit von 10 km Durchmesser auf die Erde fiele?

### Eine Katastrophe!

Bei einem Einschlag im Meer würde eine Welle von 3 km Höhe ausgelöst, die um die ganze Welt laufen würde. Sie würde große Mengen Staub und Dampf aufwirbeln. Dies würde für lange Jahre die Atmosphäre verdunkeln und die Temperaturen würden sinken. Solche großen Einschläge, stärker als zehn Atombomben, könnten das Aussterben von Rassen erklären, wie es in der Vergangenheit stattgefunden hat. Sie waren wohl der Grund für das Aussterben der Dinosaurier vor 65 Millionen Jahren.

# Jupiter mit dem

## Der Riese unter den Riesen

Der imposante Jupiter ist 2-mal so schwer wie alle anderen Planeten des Sonnensystems zusammen. Der Gasriese (er besteht vor allem aus Wasserstoff und etwas Helium) hat eine 8500 km dicke Atmosphäre. Seine Farben, Rot, Braun und Beige, verdankt der Planet geringen Mengen anderer Stoffe wie Methan oder Ammoniak. Sie bilden Wolken in unterschiedlicher Höhe.

## Stürme

Jupiter dreht sich in knapp zehn Stunden einmal um sich selbst. Bei dieser enormen Rotationsgeschwindigkeit entstehen am Äquator Stürme von bis zu 500 km/h. Zu den Polen hin werden sie etwas langsamer.

*Jupiter kreist in 780 Millionen km Abstand um die Sonne. Er braucht knapp zwölf Jahre für einen Sonnenumlauf. Der Durchmesser des Jupiter ist 11-mal so groß wie der der Erde und seine Masse ist 320-mal so groß.*

***1610 beobachtete Galilei als Erster den Jupiter. Er benutzte dazu ein Fernrohr, das er sich hatte bauen lassen. Er entdeckte die horizontalen Streifen und sogar die vier größten Monde.***

*Der so genannte Große Rote Fleck ist ein riesiges Hochdruckgebiet, das bereits seit mehr als drei Jahrhunderten von der Erde aus beobachtet wird. Durch es hindurch kann man auf eine niedrigere Atmosphäreschicht mit anderer Zusammensetzung und anderer Farbe blicken. Die Beständigkeit des Großen Roten Flecks sollte uns nicht überraschen. Wir kennen das Azorenhoch, das ebenfalls sehr beständig ist und das Klima in Europa nachhaltig beeinflusst.*

# „Großen Roten Fleck“

*Im Dezember 1995 warf die Sonde Galileo eine Kapsel in der Atmosphäre des Jupiter ab.*

Die Rotation zieht auch die Wolken parallel zum Äquator in die Länge. Je nach Höhe erscheinen die Wolkenstreifen heller oder dunkler.

## Der Große Rote Fleck

Zwischen diesen Streifen bilden sich Turbulenzen. Hier entstehen auch die großen Hoch- oder Tiefdruckgebiete wie z. B. der Große Rote Fleck, der bereits seit über drei Jahrhunderten zu beobachten ist.

## Ein Wasserstoffmeer?

In 8500 km Tiefe herrschen ein enormer Druck und hohe Temperaturen (10 000 °C). Unter diesen Bedingungen ist Wasserstoff nicht mehr gasförmig, sondern flüssig. Wahrscheinlich bildet der Wasserstoff ein Meer mit Wellen, die mehrere km hoch sind und ohne Unterlass um den Planeten laufen. Weiter unten steigen Druck und Temperatur noch weiter an: Der Wasserstoff geht dann in einen flüssig-metallischen Zustand über (ähnlich wie Quecksilber).

*Die Magnetosphäre des Jupiter ist 150-mal so groß wie die der Erde.*

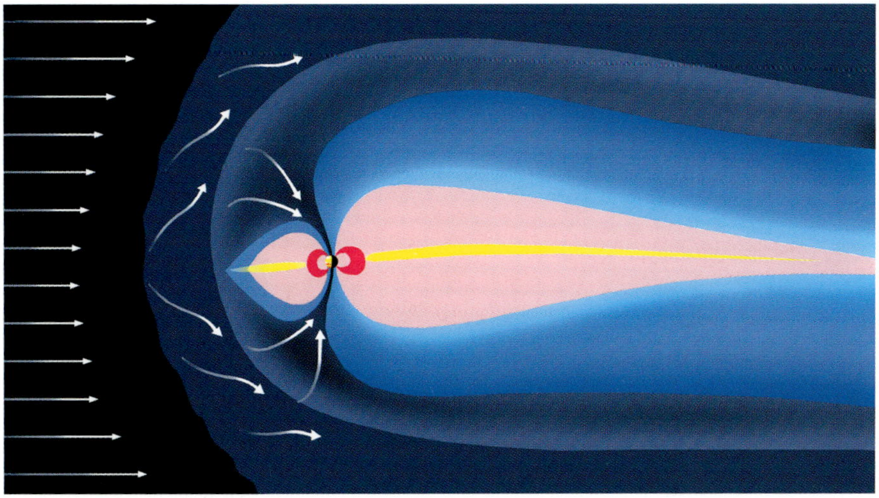

## Ein heißer Kern

In 57 000 km Tiefe versteckt sich wahrscheinlich ein Gesteinskern. Sein Durchmesser ist doppelt so groß wie der der Erde. Er ist sehr heiß, die Temperaturen erreichen 30 000 °C.

Die Astronomen rätseln noch über die Herkunft dieser inneren Hitze. Ist sie ein Überbleibsel aus der Entstehungszeit, in der der Jupiter noch viel heißer war?

Manche Fachleute vermuten, dass sie bei der Wanderung des Heliums, das schwerer ist als Wasserstoff, zum Kern hin entsteht. In jedem Fall strahlt Jupiter anderthalb Mal so viel Wärme ab, wie er von der Sonne erhält.

# Die Monde

***Jupiter besitzt ein Ringsystem, das so fein und schwach ist, dass man es nur im Gegenlicht erkennen kann. Nicht weniger als 16 Monde kreisen um Jupiter. Der Gasriese und seine natürlichen Satelliten gleichen einem eigenen kleinen Sonnensystem!***

**Die großen Jupitermonde**
Bereits Galilei entdeckte die vier großen Jupitermonde Io, Europa, Ganymed und Callisto.

Diese Entdeckung bewies, dass nicht alle Himmelskörper um die Erde kreisen und die Erde somit nicht das Zentrum des Universums war, wie viele Menschen zur Zeit Galileis noch glaubten.

Die Entdeckung trug dazu bei, die Rolle der Sonne als Zentrum unseres Sonnensystems zu erkennen.

**Unterschiedliche Welten**
Obwohl die vier Jupitermonde um denselben Planeten kreisen, haben sie eine sehr unterschiedliche Gestalt. Europa ist von einer dicken Eisschicht überzogen, die über

**Callisto**
*Durchmesser: 4800 km*
*Abstand zum Jupiter: 1 880 000 km*
*Oberflächengestalt: Eis und Staub*

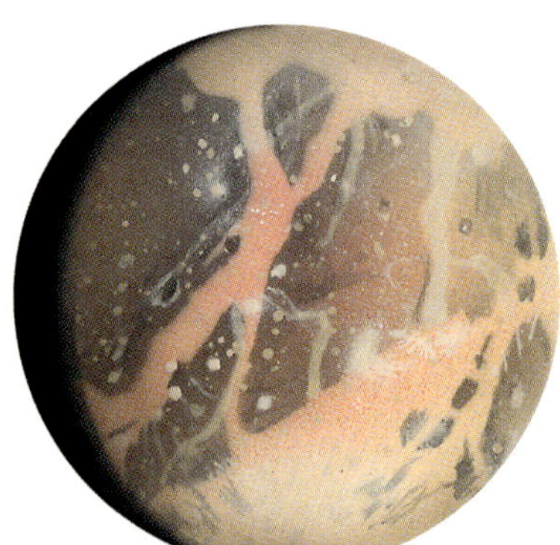

**Ganymed**
*Durchmesser: 5300 km*
*Abstand zum Jupiter: 1 070 000 km*
*Oberflächengestalt: Wassereis und Staub*

**Europa**
*Durchmesser: 3100 km*
*Abstand zum Jupiter: 670 000 km*
*Oberflächengestalt: Wassereis*

**Io**
*Durchmesser: 3600 km*
*Abstand zum Jupiter: 420 000 km*
*Oberflächengestalt: Schwefel und Schwefelverbindungen*

# des Jupiter

*Io bewegt sich in einem Ring aus heißem Gas. Dieses Gas stammt von den Vulkanen des Mondes und wird von dem starken Magnetfeld des Jupiter begrenzt. Die rote Kugel bezeichnet die Todeszone, innerhalb derer Io in einigen Millionen Jahren zerstört werden wird.*

und über mit Rissen bedeckt ist. Darunter vermutet man einen Ozean aus flüssigem Wasser, in dem primitives Leben existieren könnte. Callisto und Ganymed verdanken ihre Farbe einem Gemisch aus Eis und Staub. Auf Callisto haben unzählige Meteoriten eingeschlagen. Seine Oberfläche ist von Kratern zerklüftet.

## Eine Vulkanwelt

Auf Io, dem nächsten der vier Jupitermonde, geht es sehr lebhaft zu. Er besitzt den aktivsten Vulkanismus im Sonnensystem. Vulkane und Lavaflüsse verändern ständig seine Oberfläche. Die Vulkane speien Gas und Schwefelverbindungen bis in 200 km Höhe. Das Innere dieses Mondes kocht!

Den heftigen Vulkanismus erklärt die große Nähe zu Jupiter: Io wird von den Gravitationskräften des Jupiter förmlich durchgeknetet und nähert sich dabei ständig seinem Mutterplaneten.

## Ein neuer Ring

Eines Tages wird Io die Todesgrenze zum Jupiter überschreiten. Innerhalb dieser Zone wird jeder Körper in kleine Stücke zerlegt. Io wird also eines Tages zerstört werden. Seine Trümmer werden dann als deutlich sichtbarer Ring, ähnlich dem Ring des Saturn, um den Planeten kreisen.

*Die Astronomen gaben Io den Spitznamen „Pizza“, da er durch Schwefelverbindungen, die seine Vulkane ausspucken, bunt gefärbt ist ...*

# Saturn, der Riese

***Saturn ist zwar nicht der größte Planet des Sonnensystems, diesen Rang läuft ihm Jupiter ab, aber er ist vielleicht der schönste. Saturn ist von einem beeindruckenden System von Ringen umgeben. Außerdem begleiten den Planeten nicht weniger als 18 Monde auf seiner langsamen Runde um die Sonne.***

**Der Bruder des Jupiter**
Obwohl Jupiter 3-mal so viel Masse hat wie Saturn, ähneln sich die beiden Planeten. Beide sind Gasriesen und bestehen vor allem aus Wasserstoff und Helium. Beide sind von einer dicken Atmosphäre umgeben, unter der sich möglicherweise ein Meer aus flüssigem bzw. metallischem Wasserstoff befindet. Beide Riesen haben in ihrem Inneren eine bisher ungeklärte Wärmequelle. Saturn dreht sich fast genauso schnell wie Jupiter um die eigene Achse, nämlich einmal in 10¼ Stunden. Auch hier werden dabei die Wolken zu Bändern, die parallel zum Äquator laufen, auseinander gezogen.

*Saturn kreist in 1,43 Milliarden km Abstand um die Sonne. Sein Durchmesser beträgt 120 000 km, seine Masse ist 5-mal so groß wie die der Erde. Der Gasriese hat keine große Dichte. Sie ist geringer als die von Wasser. In einem riesigen Ozean würde Saturn also schwimmen.*

**Eine elliptische Umlaufbahn**
Wie die anderen Planeten läuft Saturn nicht kreisförmig um die Sonne. Seine Umlaufbahn ist lang gestreckt. An dem Punkt, an dem er sich am dichtesten an der Sonne befindet, blasen aufgrund der Temperaturunterschiede die Winde auf Saturn mit Geschwindigkeiten von mehr als 2000 km/h. Diese Stürme finden etwa alle 30 Jahre statt. Solange braucht Saturn, um einmal um die Sonne zu kreisen.

# mit den Ringen

## Ein Ringsystem

Die Ringe des Saturn gliedern sich in sieben Hauptringe, die durch dunkel erscheinende Lücken getrennt sind. Doch durch die Bilder, die die Sonden Voyager 1 und 2, die 1980 und 1981 den Saturn überflogen, zur Erde sandten, weiß man, dass sich die Ringe in viele weitere feine Ringe zergliedern. Diese sehen sehr unterschiedlich aus und haben klare Grenzen, verändern sich aber ständig. Sie weisen Verwindungen, Verdickungen und sogar Knoten auf.

## Dünne Ringe

Saturn unterscheidet sich von Jupiter durch sein prachtvolles Ringsystem, das Galilei schon 1610 entdeckte. Er hielt es allerdings für zwei Monde des Planeten. Die Ringe, die aus Steinen und feinem vereisten Staub bestehen, sind sehr dünn. Sie haben einen Durchmesser von 340 000 km, sind dabei aber nicht einmal 1 km dick. Zum Vergleich: Reduzierte man die Ringe auf die Größe eines Fußballfeldes, wären sie dünner als Zigarettenpapier! Insgesamt haben die Ringe aber relativ viel Masse, etwa so viel wie ein kleiner Planet.

## „Schäfermonde“

In dem Raum zwischen den Ringen oder in den Ringen selber sorgen kleine Monde für Ordnung. Ihre Gravitationswirkung ist verantwortlich dafür, dass Staub und Steine eine so dünne Schicht bilden. Sie werden „Schäfermonde“ genannt, weil sie die Einzelteile des Ringes wie eine Schafherde zusammenhalten.

## Alt oder jung

Saturn hat zwar das am stärksten ausgebildete Ringsystem, eigentlich haben aber alle Gasriesen ein solches System. Aber wie ist es entstanden? Aus den Überresten der Materiescheibe um den jungen Planeten, aus denen auch die Monde entstanden? In diesem Fall wären die Ringe sehr alt. Man müsste aber eine Erklärung dafür finden, warum sie bei den vier Riesenplaneten so unterschiedlich aussehen. Die Ringe könnten aber auch aus den Trümmern von Monden bestehen, die sich dem Planeten zu sehr genähert haben und deshalb zerstört wurden. Das kann vor relativ kurzer Zeit geschehen sein (einige Millionen Jahre sind nicht viel für das uralte Weltall). Und es ist durchaus möglich, dass sich dieser Vorgang in der Zukunft wie beim Jupitermond Io wiederholt!

# Die Monde

***Seit den Aufnahmen der Voyager-Sonden von 1980 und 1981 sind die Saturnmonde genauer erforscht. Aber sie bergen noch immer einige Geheimnisse.***

## Eine große Familie

Nicht weniger als 18 Monde kreisen um Saturn. Etwa zehn von ihnen gleichen eher riesigen unregelmäßigen Felsbrocken als Monden. Nur sieben Monde haben einen größeren Durchmesser als 350 km. Die meisten sind große steinerne Kugeln, die von Eis bedeckt sind. Alle weisen Krater von Meteoriteneinschlägen auf. Manchmal ist ihre Oberfläche von langen Spalten durchzogen. Weil die Sonne sie kaum erwärmt, sind die Saturnmonde sehr kalt. Nur auf Enceladus scheint es vor nicht allzu langer Zeit ungeklärte geologische Bewegungen gegeben zu haben. Iapetus ist zweifarbig, seine Oberfläche scheint fast zur Hälfte mit einem dunklen, kohlefarbenen Staub überzogen zu sein.

## Eine kleine, kalte Erde?

Besondere Aufmerksamkeit verdient Titan, der 1655 von dem Holländer Christian Huygens entdeckt wurde. Er ist nicht nur der mit Abstand größte Saturnmond, sondern er besitzt auch eine Atmosphäre. Sie ist etwa so dicht wie die der Erde und

**Mimas**
*Durchmesser: 390 km*
*Entfernung von Saturn: 188 000 km*

**Enceladus**
*Durchmesser: 510 km*
*Entfernung von Saturn: 240 000 km*

**Tethys**
*Durchmesser: 1050 km*
*Entfernung von Saturn: 295 000 km*

**Dione**
*Durchmesser: 1120 km*
*Entfernung von Saturn: 370 000 km*

**Rhea**
*Durchmesser: 1530 km*
*Entfernung von Saturn: 530 000 km*

**Titan**
*Durchmesser: 5150 km*
*Entfernung von Saturn: 1 220 000 km*

**Iapetus**
*Durchmesser: 1450 km*
*Entfernung von Saturn: 3 560 000 km*

# des Saturn

Die Landschaften auf Titan könnten jenen in den Polarregionen der Erde ähneln. Vielleicht schlagen Wellen des dunklen Methanmeeres gegen steinhartes Packeis aus Wasser und Methan.

besteht wie diese zu großen Teilen aus Stickstoff. Eine wichtige Rolle spielt Methan, das wahrscheinlich sowohl in eisförmiger als auch in flüssiger und gasförmiger Form vorliegt. Die Raumsonde Cassini, die 1997 startete, wird 2004 beim Saturn ankommen. Sie wird eine nach Huygens benannte Sonde zu Titan schicken, die die unter dichten Wolken verborgene Oberfläche des Mondes untersuchen soll. Dabei soll auch untersucht werden, ob sich auf dem –180 °C kalten Mond vielleicht primitives Leben entwickeln könnte.

# Uranus

***Uranus***
*Durchmesser: 51 000 km*
*Masse: 14,5 Erdmassen*
*Entfernung von der Sonne: 2,7 Milliarden km*
*Sonnenumlauf: 84 Jahre*
*Rotationsdauer: 17 h*

***Von diesen beiden riesigen Planeten haben die Menschen erst seit wenigen Jahrhunderten Kenntnis. Sie ähneln sich sehr in Größe, Masse und Zusammensetzung. Uranus wurde 1781 von Wilhelm Herschel, Neptun 1846 von Johann Galle entdeckt.***

## Zwillinge

Die beiden Gasriesen bestehen vor allem aus Wasserstoff und Methan. Sie haben einen Gesteinskern, der etwa 7000 °C warm ist. Selbst durch die besten Teleskope gesehen erscheint Uranus als blaugrüne Kugel ohne Details.

Erst als die Raumsonde Voyager 2 Uranus im Januar 1986 besuchte, konnten schwache Streifen in der Atmosphäre entdeckt werden.

## Der umgekippte Planet

Uranus hat eine Besonderheit: Er liegt rotierend gekippt auf seiner Umlaufbahn. So scheint er wie eine Kugel in 84 Jahren um die Sonne zu rollen. (Die meisten anderen Planeten bewegen sich wie ein Kreisel: Ihre Drehachsen stehen mehr oder weniger senkrecht zur Umlaufbahn.) Auch sein Ringsystem „steht dadurch Kopf". Jeder Pol des Uranus ist nacheinander 42 Jahre der Sonne zugewandt. Durch den Temperaturunterschied der beiden Seiten entsteht eine extreme Wetterlage.

*Uranus ist von neun sehr dunklen und dünnen Ringen umgeben. Er hat 15 Monde. Dies sind die fünf größten, die gleichzeitig am weitesten von dem Planeten entfernt sind. Ihre Dichte ist kaum größer als die von Wasser und daher besitzen sie wohl nur einen kleinen Gesteinskern, der von Eis und Staub bedeckt ist.*

**Miranda**
*Durchmesser: 480 km*
*Abstand zum Uranus: 130 000 km*

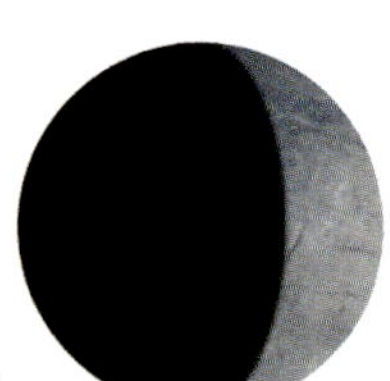

**Ariel**
*Durchmesser: 1160 km*
*Abstand zum Uranus: 190 000 km*

**Umbriel**
*Durchmesser: 1170 km*
*Abstand zum Uranus: 270 000 km*

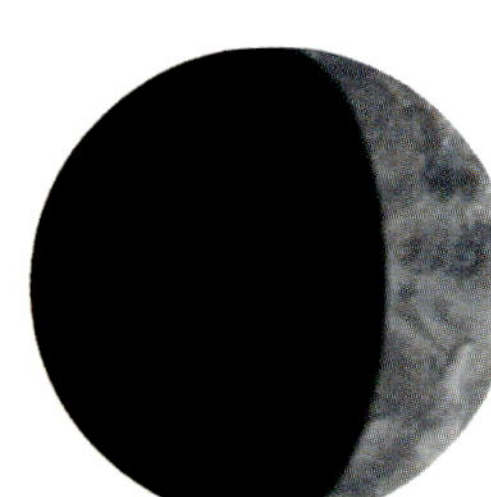

**Titania**
*Durchmesser: 1600 km*
*Abstand zum Uranus: 430 000 km*

**Oberon**
*Durchmesser: 1520 km*
*Abstand zum Uranus: 580 000 km*

# Neptun

***Obwohl Neptun, der andere Blaue Planet, am Rande des Sonnensystems liegt, ist er uns gut bekannt. Denn die Sonde Voyager 2 funkte 1989 beeindruckende Bilder zur Erde.***

**Neptun**
*Durchmesser: 49 500 km*
*Masse: 17,2 Erdmassen*
*Entfernung von der Sonne: 4,5 Milliarden km*
*Sonnenumlauf: 165 Jahre*
*Rotationsdauer: 16 h*

## Enorme Winde

Seine blaue Farbe verdankt Neptun methanreichen Atmosphäreschichten. Neptun dreht sich in 16 Stunden einmal um sich selbst. Er hat wie Jupiter ein sehr beständiges Tiefdruckgebiet. Deshalb gibt es einen weißen Wirbelsturm, dem die Astronomen aufgrund seiner Geschwindigkeit den Spitznamen „Scooter" gegeben haben. In dieser Wirbelzone wehen Winde mit 1800 km/h. Ein Rekord im Sonnensystem.

## Acht Satelliten

Neptun hat acht Satelliten, von denen die sechs kleinsten 1989 von der Sonde Voyager 2 entdeckt wurden. Nereide, der am weitesten entfernt um Neptun kreist, wurde 1949 entdeckt. Triton, der bereits 1846 entdeckte größte Neptunmond, misst 2700 km im Durchmesser. Er ist von gefrorenem Stickstoff und Methan überzogen, wahrscheinlich hat er einen Gesteinskern. Vulkane speien eisige Gas- und Staubfahnen in den Tritonhimmel.

## Die Ringe des Neptun

Neptun ist von sechs Ringen umgeben, die hier und dort einzelne hell scheinende Abschnitte aufweisen. Die Herkunft dieser helleren Bögen ist noch ungeklärt.

*Die Oberfläche des Triton ist sehr abwechslungsreich: Relativ junge Flächen wurden von Eis geformt, ältere Flächen sind von Kratern überzogen. Triton kreist rückwärts um Neptun (d. h. er bewegt sich in anderer Richtung als die meisten anderen Satelliten des Sonnensystems). Vielleicht hat er sich nicht gleichzeitig mit Neptun gebildet, sondern wurde von dem Planeten erst später eingefangen.*

# Pluto

Ein Teil von Plutos Schatten fällt auf Charon. Durch den geringen Abstand zwischen dem Planeten und seinem großen Mond sind Finsternisse sehr häufig.

***Der 1930 entdeckte Pluto ist der letzte der Planeten des Sonnensystems. Er unterscheidet sich in Größe, Umlaufbahn und seinem Mond sehr von den anderen. Der Unterschied ist so groß, dass man sich fragen muss, ob er wirklich ein Planet ist.***

## Achter oder neunter Planet?

Pluto ist nicht immer der äußerste der Planeten. Seine stark gestreckte Bahn verläuft z. T. im Inneren der Bahn des Neptun (ohne dass die Planeten je zusammenstoßen). Anschließend wird Neptun für etwa 20 Jahre zum äußersten Planeten, wie zuletzt von 1980 bis 1999!

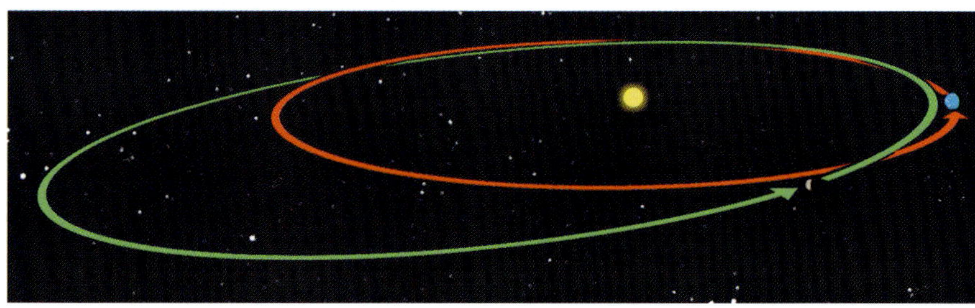

Die Bahn von Charon um Pluto ist stark geneigt. Sie steht fast senkrecht zur Sonnenumlaufbahn.

## Ein seltsames Paar

Pluto hat einen Durchmesser von etwas über 2300 km. Sein Mond Charon, der mit 1250 km etwas mehr als halb so groß ist, bewegt sich im Abstand von nur 17 000 km um den Planeten. Im Verhältnis zu seiner Größe hat kein anderer Planet des Sonnensystems einen so großen Mond. In den nächsten Jahren wird eine Raumsonde zu Pluto gesandt, um dieses seltsame Paar näher zu erkunden.

## Der letzte Planet?

Wegen seiner merkwürdigen Umlaufbahn und seiner geringen Größe, ist Pluto ein ungewöhnlicher Planet. Daher fragen sich manche Astronomen, ob er nicht eher als ein großer Verwandter der Kometen anzusehen ist. Denn eine ganze Reihe eisiger Körper kreisen in der Umgebung des Pluto um die Sonne.

Obwohl sich die Umlaufbahnen von Pluto und Neptun kreuzen, werden diese Planeten niemals zusammenstoßen.

# Kometen

***Bis zum Ende des 19. Jahrhunderts beeinflussten Kometen das Leben der Menschen in einem heute unvorstellbaren Maße. Die Menschen glaubten, Kometen seien Vorboten von Katastrophen oder einer neuen Epoche.***

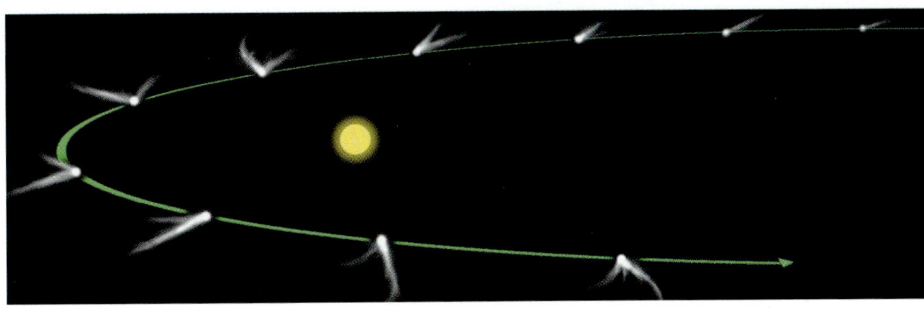

*Wenn sich ein Komet der Sonne nähert, bläst der Sonnenwind seinen Schweif (der 10 Millionen km lang sein kann) von der Sonne weg. Manchmal kann man auch zwei Schweife erkennen.*

## Schmutzige Schneebälle

Verglichen mit der Größe der übrigen Himmelskörper sind Kometen nicht sehr beeindruckend. Es sind kleine Körper aus einem Gemisch von Staub und Eis, deren Durchmesser höchstens einige Kilometer beträgt. Ein Wissenschaftler beschrieb sie einmal sehr treffend als schmutzige Schneebälle.

## Majestätische Schweife

Wenn sich ein Komet der Sonne nähert, verdampft unter der Einwirkung von Wärme und Sonnenwind das Eis zu Gas. Das entweichende Gas wird vom Sonnenwind zu einem schönen Schweif gezogen. Edmund Halley erkannte, dass viele Kometen in regelmäßigen Abständen wiederkehren, und sagte das Erscheinen des Kometen, der später seinen Namen erhielt, voraus.

## Kometenvorrat

Ein flacher Ring nahe der Umlaufbahn des Pluto, der Kuiper-Gürtel, bildet ein Reservoir, aus dem immer wieder Kometen ausbrechen.

Eine andere ergiebige Quelle für Kometen ist die Oortsche Wolke. Sie umgibt das Sonnensystem wie eine riesige Hohlkugel.

*Jenseits der Umlaufbahn des Pluto liegt auf derselben Ebene wie die Planeten ein flacher Ring aus eisigen Körpern: der Kuiper-Gürtel. Auch Pluto könnte man fast als Teil des Kuiper-Gürtels betrachten.*

# Die Zukunft

*Die Sonne und mit ihr die Erde und alle Planeten des Sonnensystems bewegen sich schraubenförmig durch den Weltraum.*

***Die Bewegung der Planeten im Sonnensystem erscheint äußerst regelmäßig und könnte bis in alle Ewigkeiten so weiter gehen. Aber eines Tages wird die Sonne zu einem Roten Riesen werden und viele Planeten durch die gewaltige Hitze zerstören. Aber schon vor diesem Tag werden merkwürdige Dinge in unserem Sonnensystem geschehen.***

## Ein Sandkorn

Die Planeten kreisen seit fünf Milliarden Jahren um die Sonne und wahrscheinlich tun sie dies auch noch weitere fünf Milliarden Jahre. Man hat in den letzten Jahren allerdings erkannt, dass man Planetenbewegungen nicht für mehr als 100 Millionen Jahre genau vorhersagen kann. Warum? Wegen der Chaos-Theorie, die wie ein Sandkorn die Mechanik der Himmelskörper bedroht.

## Ein Flügelschlag

Die Chaos-Theorie besagt, dass sehr kleine Ursachen enorme Konsequenzen haben können. So kann der Flügelschlag eines Schmetterlings in Singapur nach langer Zeit eine Springflut in New York zur Folge haben. Dies gilt auch für Planeten: Eine kleine Störung kann ihre Umlaufbahn für immer verändern. Seit ungefähr zehn Jahren weiß man, dass die Planeten chaotische Umlaufbahnen haben, da sie sich alle gegenseitig beeinflussen. Diese Kräfte könnten sich verstärken oder auch ausgleichen. Aufgrund der Vielzahl der sich daraus ergebenden Möglichkeiten kann niemand Voraussagen über die Umlaufbahn der Planeten für mehr als 100 Millionen Jahre machen.

## Ein Glutofen

Aber auch wenn die Planetenbahnen stabil bleiben, eins ist sicher: Das Ende unseres Planeten ist unausweichlich. In etwa fünf Milliarden Jahren wird die Sonne zu einem Roten Riesen. Sie wird sich riesig aufblähen. Merkur wird verdampfen, Venus wird verschluckt werden. Die Sonnenstrahlen werden die Atmosphäre der Erde verschwinden lassen und durch die unglaubliche Hitze werden die Meere verdunsten. Tagsüber wird das rote Licht der Sonne die Erdoberfläche auf bis zu 2000 °C aufheizen.

## Ein neuer Heimatstern

Natürlich wird unter diesen Bedingungen kein Leben mehr existieren können. Glücklicherweise liegen diese Ereignisse noch in weiter Ferne und man kann nur hoffen, dass die Menschheit bis dahin einen neuen Heimatstern irgendwo in der Milchstraße gefunden haben wird. Immer vorausgesetzt, dass sich die Menschheit bis dahin nicht längst durch Umweltverschmutzung oder Kriege selbst vernichtet hat.

# des Sonnensystems

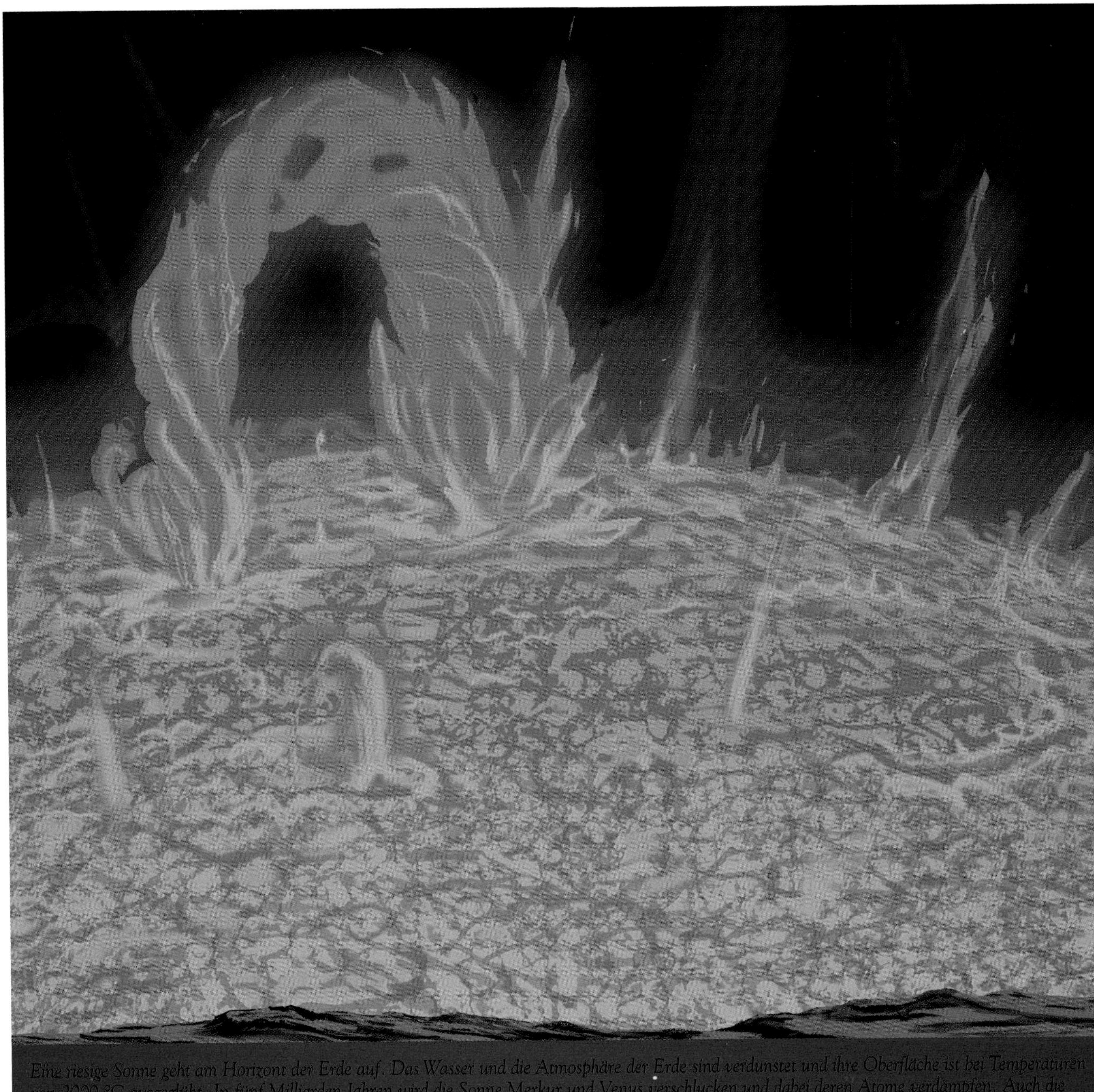

*Eine riesige Sonne geht am Horizont der Erde auf. Das Wasser und die Atmosphäre der Erde sind verdunstet und ihre Oberfläche ist bei Temperaturen von 2000 °C ausgeglüht. In fünf Milliarden Jahren wird die Sonne Merkur und Venus verschlucken und dabei deren Atome verdampfen. Auch die Gasriesen werden nicht verschont bleiben: Ihre Atmosphäre wird wie die der Erde in den Weltraum entweichen. Vielleicht werden einige ihrer heute noch eisigen Monde für einige Millionen Jahre zu bewohnbaren Welten? Danach wird die Sonne zu einem Weißen Zwerg schrumpfen, dessen Hitze kaum ausreichen wird, um das, was vom Sonnensystem noch übrig ist, zu wärmen.*

# Der Traum

*Nach einer griechischen Sage versuchte Dädalus, der mit seinem Sohn Ikarus im Labyrinth des Königs Minos von Kreta eingesperrt war, zu entkommen, indem er Flügel aus Federn baute, die er mit Wachs verband. Er empfahl Ikarus nicht zu dicht an die Sonne zu fliegen. Aber Ikarus gehorchte nicht … Der Sonnengott, der irritiert sah, dass Ikarus sich näherte, schickte Strahlen herab. Das Wachs schmolz und Ikarus fiel ins Meer, wo er ertrank.*

***Schon in der Antike träumten die Menschen davon, wie Vögel zu fliegen. Doch weil der Himmel die Sphäre der Götter war, wurde jeder Versuch in sie einzudringen mit dem Tode bestraft.***

## Technisch möglich!

Schon seit mehr als 2000 Jahren verwendet man Seile, Seide und Bambus. Theoretisch hätten die Menschen Segelflugzeuge bauen und fliegen können.

*Nach einer Legende baute sich ein chinesischer Kaiser, der sein Reich überfliegen wollte, einen Raketenantrieb an seinen Thron. Niemand weiß, ob er wirklich abhob, jedenfalls starb er bei der Explosion der Maschine.*

# des Ikarus

*Ein Heißluftballon der Brüder Montgolfier*

Sie hätten nur das Prinzip des Vogelflugs besser kennen und den Mut haben müssen, sich in den Himmel aufzuschwingen.

**Der erste Flug**

Die ersten Menschen, die die Oberfläche der Erde verließen, waren der Marquis François d'Arlandes und Pilâtre de Rozier. Sie flogen mit einem von den Brüdern Montgolfier 1783 gebauten Heißluftballon. Der Ballon flog, weil die Luft im Inneren wärmer und damit leichter war als die Luft der Atmosphäre. Lange glaubte man, dass nur Maschinen fliegen könnten, die leichter als Luft seien. Manche glaubten gar, dass Vögel, sobald sie abheben, leichter werden als Luft.

**Die Eroberung der Luft**

Der Deutsche Otto Lilienthal war einer der großen Luftpioniere. Am Ende des 19. Jahrhunderts versuchte er aus dem Vogelflug zu lernen und segelte als erster Mensch durch die Luft. Dazu sprang er von einem Hügel ab. Sein Fluggerät ähnelte einem heutigen Drachenflieger. Er bewies damit, dass es möglich war, auch mit Apparaten zu fliegen, die schwerer als Luft waren. Lilienthal stürzte bei einem seiner Flugversuche ab und kam ums Leben. Einige Jahre später machten in Frankreich Clément Ader und in den USA die Brüder Wright Flugversuche.

*Otto Lilienthal glaubte, dass Vögel wegen der Form ihrer Flügel fliegen können.*

# Vom Feuerwerk

***Ende des 9. Jahrhunderts wurde in China eine Erfindung gemacht, die die Kriegsführung veränderte: das Schwarzpulver.***

## Böller und Raketen

Schwarzpulver war der erste bekannte Sprengstoff. Die Chinesen verwendeten ihn für Knallkörper, die sie an Pfeilen anbrachten und mit einem Bogen auf ihre Gegner schossen. Die Explosionen erschreckten die Pferde und brachten die Schlachtordnung durcheinander. Bald stellten die chinesischen Waffenbauer fest, dass schlecht verschlossene Böller von alleine flogen: Das Prinzip der Rakete war entdeckt!

## Feuerwerkskörper

Sie stellten auch fest, dass die Farbe der Flamme durch die Beimischung anderer Substanzen verändert werden konnte. So wurden die Feuerwerkskörper entwickelt.
Die Chinesen verwendeten Feuerwerkskörper und Böller in religiösen Zeremonien. Sie glaubten, sie würden so böse Geister vertreiben.

## Gefürchtete Waffen

Leider wurde das Schwarzpulver aber vor allem im Krieg eingesetzt. Gewehre, Bombarden und andere Kanonen wurden entwickelt.

Arabische Kaufleute verbreiteten die chinesische Erfindung bis in den Westen. Die ersten Feuerwaffen erschienen in Europa Anfang des 14. Jahrhunderts.

## Kanonen oder Raketen?

Die Militärstrategen zogen die zielgenaueren Kanonen den Raketen vor. Raketen waren aber im Einsatz gegen geschlossene Frontlinien oder auch gegen große Ziele wie z. B. Städte nach wie vor sehr effektiv. Deshalb wurden auch sie ständig weiterentwickelt.

# zur Rakete

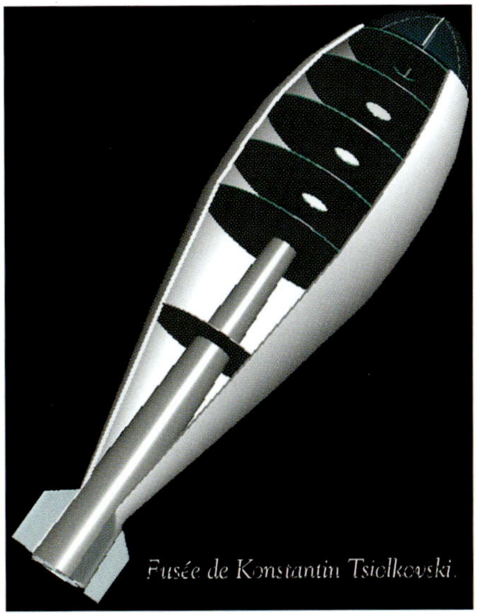


## Der Traum von der Reise ins Weltall

Im 19. Jahrhundert verbreitete sich die Idee von einer Reise zu anderen Planeten. Man wusste nicht, wie man sich den Raum zwischen den Planeten vorzustellen hatte. Daher dachte man sich viele verschiedene Möglichkeiten der Fortbewegung aus, wie z. B. einen lenkbaren Ballon. Jules Verne schoss seine Romanhelden sogar mit einer Kanone zum Mond.

Zu Beginn des 20. Jahrhunderts erkannte Konstantin Ziolkowski, dass die Rakete das beste Fortbewegungsmittel sein musste. Denn auch im luftleeren Raum musste das Newtonsche Gesetz von Aktion und Reaktion gelten (siehe Seite 16).

Etwa zehn Jahre später brachte der Amerikaner Robert Goddard die Raketentechnik weiter voran:

*Rakete von Goddard*

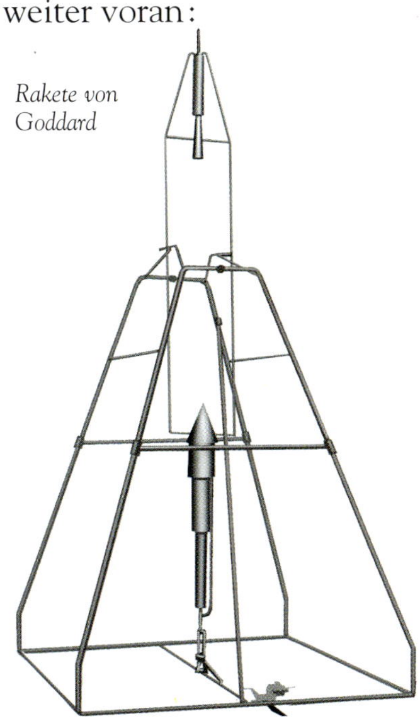

Er konstruierte Raketen mit Flüssigkeitsantrieb, der deutlich mehr Schubkraft besaß als ein Feststoffantrieb.

## Die V2-Rakete

Während des Zweiten Weltkriegs entwickelten deutsche Wissenschaftler und Ingenieure Raketen, um ferne Ziele bombardieren zu können. Die fortschrittlichste dieser Raketen war die V2, die von Wernher von Braun entwickelt wurde. Die V2-Raketen wurden im Krieg gegen England eingesetzt. In London richteten sie große Zerstörungen an und töteten viele Menschen. Nach der Kapitulation Deutschlands stritten sich die Alliierten um die deutschen Raketen und ihre einzigartige Technik. Der deutsche Raketeningenieur Wernher von Braun wurde zu einem der wichtigsten Männer des amerikanischen Raumfahrtprogramms.

*Als fortschrittlichste der Raketen ihrer Zeit war die V2 Vorbild für die meisten Raketen der Nachkriegszeit.*

# Die sowjetische

*Alle Erfolge der sowjetischen Raumfahrt basieren auf der Rakete Sojus, die unter der Leitung von Sergei Koroljow entwickelt wurde. Die Rakete wird ständig modernisiert und ist seit über 40 Jahren die wichtigste Rakete des russischen Raumfahrtprogramms.*

## Stalinorgeln

Während der Schlachten des Zweiten Weltkriegs setzte die Sowjetunion mit großem Erfolg Miniraketen ein. Sie wurden wegen ihres heulenden Fluggeräusches als Stalinorgeln bezeichnet. Seit dem Ende des Krieges betreibt die Sowjetunion ein ehrgeiziges Programm zur Erforschung des Weltraums.

## Piep, Piep, Piep!

Ab dem 4. Oktober 1957 konnte man mit dem Radio ein merkwürdiges und gleichmäßiges Geräusch empfangen: „Piep, Piep, Piep ...“. Es war das Signal des ersten künstlichen Satelliten, den die Sowjetunion auf eine Umlaufbahn gebracht hatte. Sputnik 1 war eine Aluminiumkugel von 60 cm Durchmesser mit vier Antennen. Damit hatten die Russen den Startschuss für den Wettlauf ins Weltall abgegeben.

***Die Eroberung des Weltalls begann nach dem Zweiten Weltkrieg. Lange Zeit führten die Sowjets in diesem Wettlauf. Sie reihten einen Erfolg an den anderen und verletzten damit den Stolz der Amerikaner.***

*Sputnik 1*

# Raumfahrt

*Die Hündin Laika*

Sputnik 1 war – mitten im Kalten Krieg – ein schwerer Schock und gleichzeitig eine Bedrohung für Amerika. Denn mithilfe der Rakete, die den Satelliten transportierte, hätte genauso gut jeder beliebige Punkt auf der Erde bombardiert werden können.

## Ein Tier im Weltall

Nur einen Monat nach Sputnik 1 verzeichnet die Sowjetunion einen weiteren Erfolg: Sie schicken das erste Lebewesen ins Weltall, die Hündin Laika. Die UdSSR festigte durch diese Erfolge ihren Anspruch, die fortschrittlichste Nation der Welt zu sein.

## Amerikanische Niederlagen

Amerika versuchte aufzuholen. Jeder Teil der Armee (Bodentruppen, Marine und Luftwaffe) erhielt ein eigenes Raketenprogramm. Alle arbeiteten fieberhaft an der Entwicklung von Raketen. Aber viele der Raketenstarts wurden vor Fernsehen und Presse zu demütigenden Niederlagen. 1959 entschloss sich die amerikanische Regierung die Anstrengungen zu bündeln und gründete die NASA.

## Juri Gagarin

Am 12. April 1961 feierte die UdSSR einen weiteren Meilenstein. An Bord der Kapsel Wostok 1 umkreiste Juri Gagarin als erster Mensch

*Juri Gagarin*

die Erde! Er brauchte dafür 108 Minuten. Die Amerikaner schickten einen Monat später Alan Shepard in die Luft, doch sein Flug dauerte nur eine Viertelstunde und erreichte das Weltall nicht. Am 20. Februar 1962 wird John Glenn auf eine Umlaufbahn gebracht.

## Große Ereignisse

Die Erfolgsserie der Russen dauerte an: Im Juni 1962 flog die erste Frau, Valentina Terechkowa, ins All. Im folgenden Jahr schickten sie mit demselben Raumschiff gleich drei Kosmonauten ins All. 1965 stieg Alexei Leonow als Erster aus einem Raumschiff und schwebte in den Weltraum hinaus. Im Januar 1969 koppelten zwei bemannte Raumschiffe aneinander an. Was geschah derweil in Amerika? Dort wurde die Hochtechnologie vorangetrieben. Es wurde auf den Gebieten der Elektronik, Informatik und Miniaturisierung geforscht und der Wasserstoffmotor weiterentwickelt. Die Amerikaner bereiteten sich auf den großen Vergeltungsschlag vor.

*Landekapsel des Raumschiffs Wostok 1*

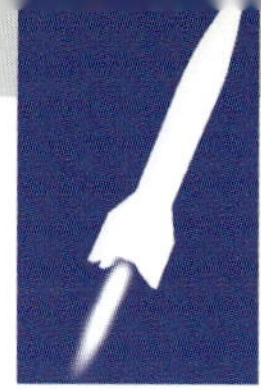

# Der Wettlauf

Russisches Mondmobil

***Am 25. Mai 1961, als Reaktion auf den Erfolg Gagarins, verspricht John F. Kennedy, dass noch vor dem Ende des Jahrzehnts ein Amerikaner auf dem Mond landen werde. So beginnt der Wettlauf zum Mond. Die amerikanischen Generäle fürchteten besonders, dass die Russen, wenn sie als Erste auf dem Mond ankommen, ihn einfach als Teil ihres Landes beanspruchen könnten, wie es bei der Entdeckung von unbewohntem Land üblich war.***

## Das Recht im Weltall

1967 wird von den Staaten der UNO eine Charta unterschrieben, in der eine friedliche Nutzung des Weltraums festgeschrieben wird. Der Weltraum wird zum allgemeinen Gut der Menschheit. Von nun an geht es also nicht mehr darum, den Mond zu erobern. Der Ruhm einer Nation und der Fortschritt ihrer Wissenschaft sind die bleibenden Einsätze beim Wettlauf ums Weltall.

## Aus dem Rennen

Für das Mondprogramm der Russen musste eine neue, größere Rakete gebaut werden, die Energia. Doch mehrere Explosionen beim Start dieser Rakete machten die Hoffnung, als Erste den Mond zu erreichen, zunichte. Danach konzentrierten sich die Russen auf eine ferngesteuerte Mondlandung

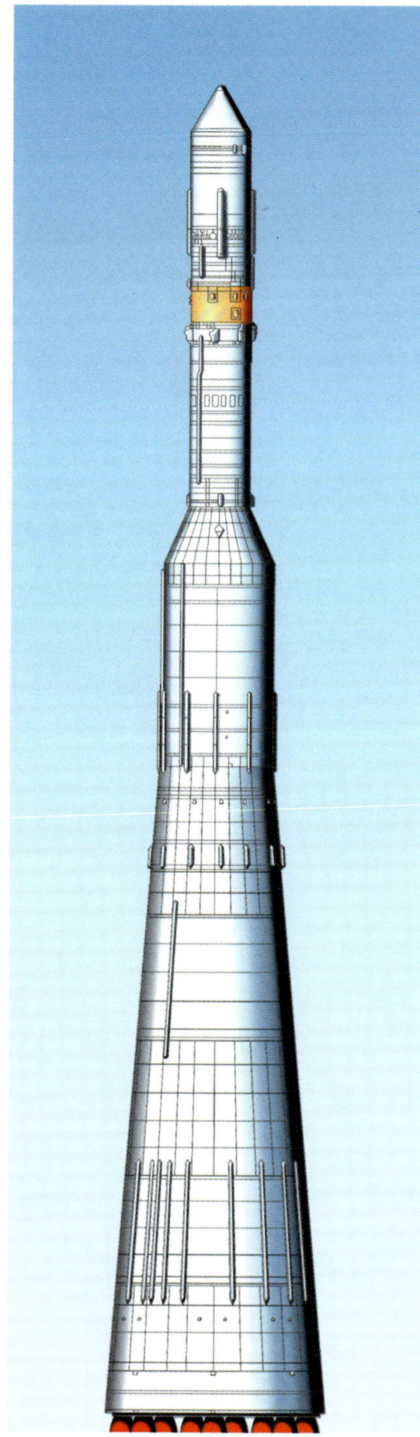

Die Rakete G1 Energia ▶

# zum Mond

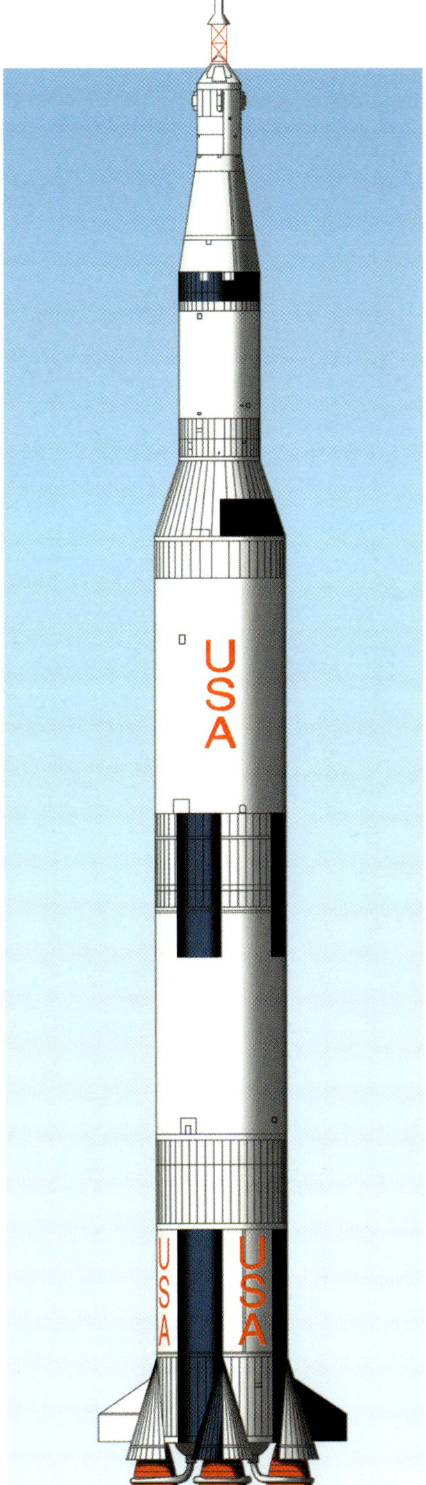


ohne Astronauten. Ein unbemanntes Raumschiff ist nämlich viel leichter und benötigt die riesige Rakete Energia nicht.

## Die Opfer

Sechs Jahre lang hatte die Eroberung des Alls keine Opfer gekostet. Aber 1967 geht als schwarzes Jahr der Raumfahrt in die Geschichte ein. Um das Gewicht an Bord der Raumfähren auf ein Minimum zu reduzieren gab man den Astronauten reinen Sauerstoff zu atmen. Aber unter den gegebenen Bedingungen kann der kleinste Funke ein Feuer auslösen und auch Metalle, z. B. Aluminium, zum Brennen bringen. Genau so ein katastrophaler Brand kostet im Januar 1967 die Astronauten Grissom, White und Chaffee das Leben. Der Russe Komarow kommt im selben Jahr bei der Landung seiner Kapsel ums Leben. Doch solche Unfälle bremsen die Raumfahrtprogramme kaum.

## Auf dem besten Wege

In den USA gehen unter der Leitung des V2-Konstrukteurs Wernher von Braun die Entwicklung der gewaltigen Rakete Saturn 5 und die Versuche mit der Apollo-Raumkapsel weiter. Im Dezember 1968 umrundet Apollo 8 mit drei Astronauten an Bord den Mond. Nun ist die Mondlandung greifbar nahe.

◀ *Rakete Saturn 5*

*Landefähre mit Kommandoeinheit*

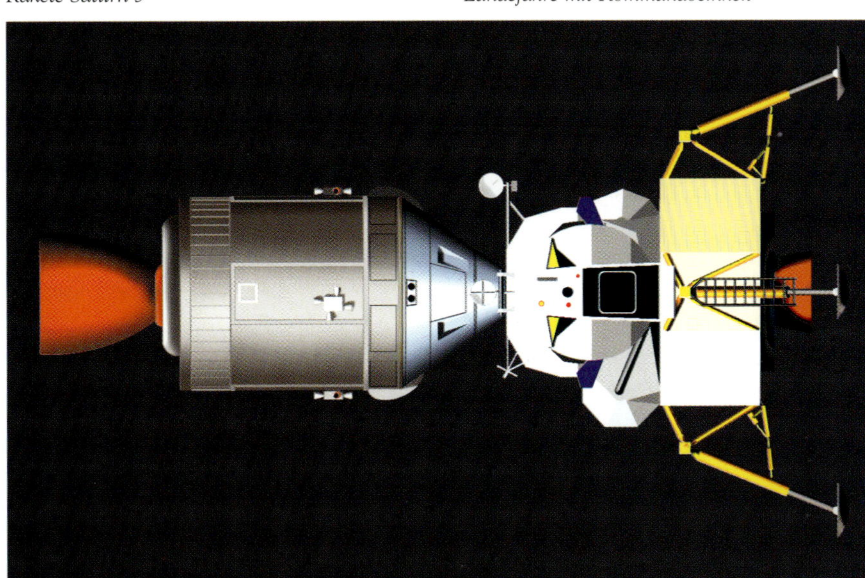

# Mission Apollo 11: Die

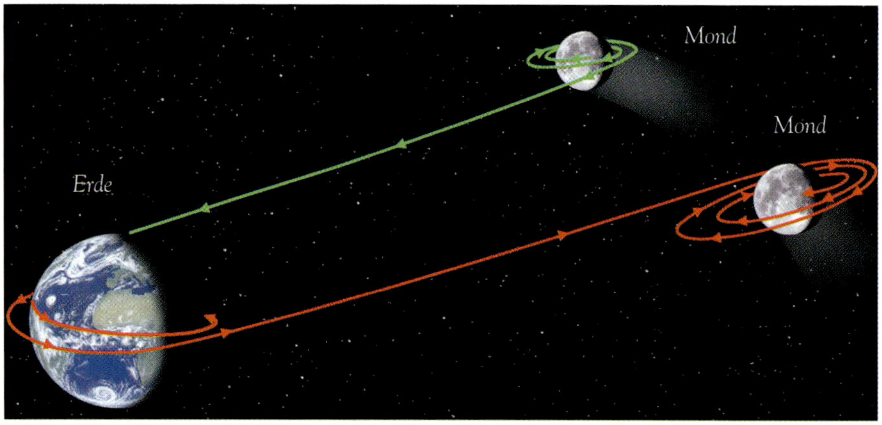


*Die Fahrt der Apollo 11. Die Astronauten kehrten nach $8\frac{1}{2}$ Tagen zur Erde zurück.*

***Die Mondlandung war eine enorme technische Herausforderung und ein faszinierendes Abenteuer, das mehr als eine Milliarde Zuschauer vor dem Fernseher miterlebten.***

## Auf dem Weg zum Ruhm

Am 16. Juli 1969 starteten die Astronauten Neil Armstrong, Edwin Aldrin und Michael Collins von Cape Kennedy in den Weltraum.

Nach einer 4-tägigen Reise kreiste das Raumschiff schließlich auf einer Umlaufbahn um den Mond. Armstrong und Aldrin begaben sich in die Landekapsel Eagle, während Collins im Basisschiff Columbia blieb, das weiter um den Mond kreiste. Von Armstrong gesteuert näherte die Eagle sich dem Mond.

Nach einem kurzen Flug über die Oberfläche auf der Suche nach einem Landeplatz, landeten sie im Meer der Ruhe. Die Astronauten bereiteten sich auf den Ausstieg vor. Neil Armstrong stieg, gefilmt von einer Kamera, die an der Eagle befestigt war, die Leiter herab und betrat den Mond. Aldrin folgte ihm.

*So sah das Gefährt aus, mit dem die Amerikaner den Mond erreichten: Rechts die Landefähre „Eagle“, links das Basismodul „Columbia“.*

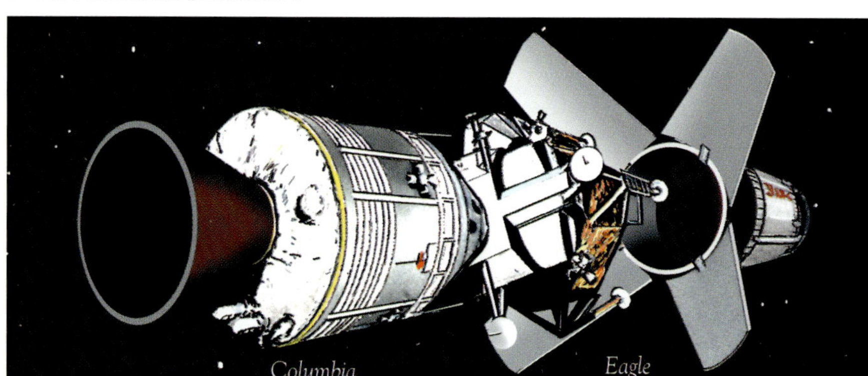

# näheren Weltraums

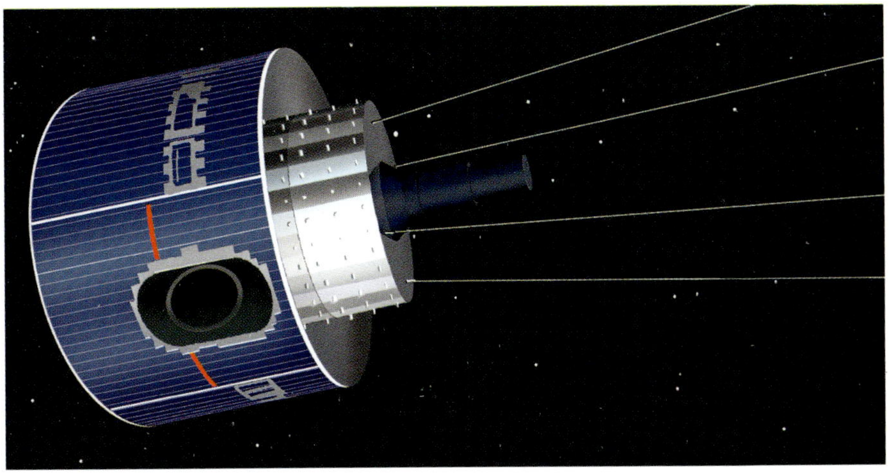

*Die Meteosat-Satelliten werden auf eine geostationäre Umlaufbahn in 36 000 km Höhe gebracht und überfliegen so immer dieselbe Stelle der Erde. Sie schicken Bilder zur Erde, die als Grundlage für die Wettervorhersagen in Radio und Fernsehen dienen.*

An der Oberfläche der Meere kann man Täler und Berge ausmachen, die auf Gebirge und Täler auf dem Meeresgrund hinweisen.

## Leitsysteme

Das Global Positioning System (GPS) ist ein weltweites System von Satelliten. Seit 1992 kann man mit ihm jederzeit feststellen, wo genau auf der Welt man sich befindet Dazu muss man nur die Signale von vier der 20 Satelliten empfangen können. Das GPS errechnet dann aus der Richtung, aus der die Signale kommen, die Position des Empfängers bis auf 10 m genau. Man muss sich also nicht mehr an den Sternen orientieren, um ein Schiff zu navigieren. Es ist sogar möglich, die Route von Schiffen vorzuprogrammieren. Mit dem GPS und der Verwendung von Markierungssendern kann man auch einem Wal auf seinem Weg durch das Meer folgen.

## Weltraumteleskope

Man kann auf Satelliten auch Teleskope montieren. Diese können dann außerhalb der störenden Atmosphäre den Weltraum mit ungeheurer Klarheit und Schärfe beobachten.

## Telekommunikation

Seit den 60er Jahren übertragen Satelliten auch Radiowellen. Fernsehsendungen und Telefongespräche laufen z. B. über sie. Telekommunikationssatelliten übernehmen mehr und mehr den weltweiten Informationsaustausch.

*Das GPS besteht aus Computern, die die Signale einer Atomuhr aufnehmen und diese per Satellit ausstrahlen. Dann werden die minimalen Verschiebungen dieser Signale bei ihrer Ankunft verwendet, um eine Position zu berechnen.*

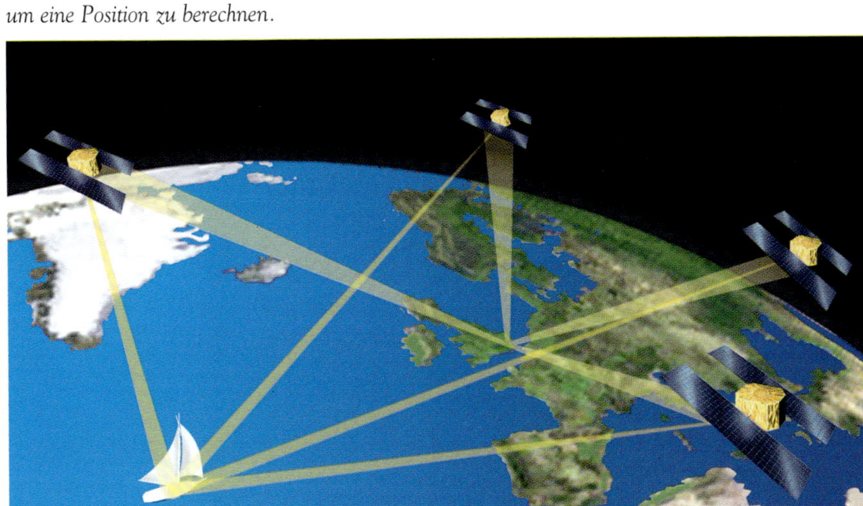

# Die Trägerraketen

***Europa beteiligt sich an der Raumfahrt mit den Ariane-Raketen und dem Raumfahrtzentrum in Kourou in Französisch Guyana.***

Hier ist die riesige Ariane 5 (50 m hoch und 750 t schwer) im Bau zu sehen. Die Hallen, in denen die gigantischen Trägerraketen zusammengebaut werden, sind enorm groß!

## Ein Welterfolg

Nach anfänglichen Schwierigkeiten mit der Rakete „Europa" in den 60er Jahren trugen die europäischen Anstrengungen zur Gründung eines gemeinsamen Raumfahrtprogramms Früchte. Die Ariane, Ergebnis der Zusammenarbeit vieler europäischer Länder, wurde zum Inbegriff der Verlässlichkeit und trägt heute mehr als die Hälfte aller Satelliten, darunter auch viele amerikanische, in den Raum.

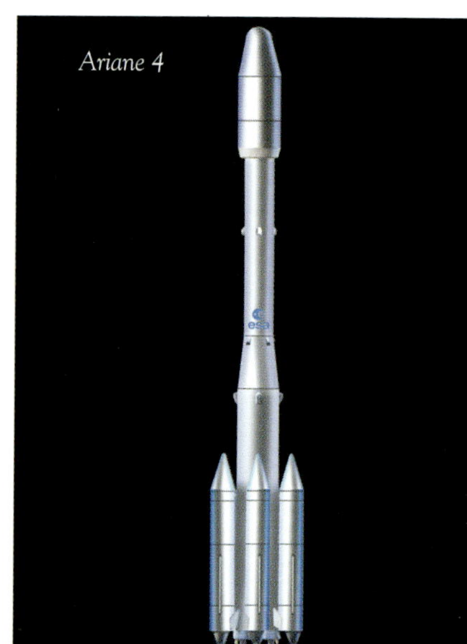

# Ariane

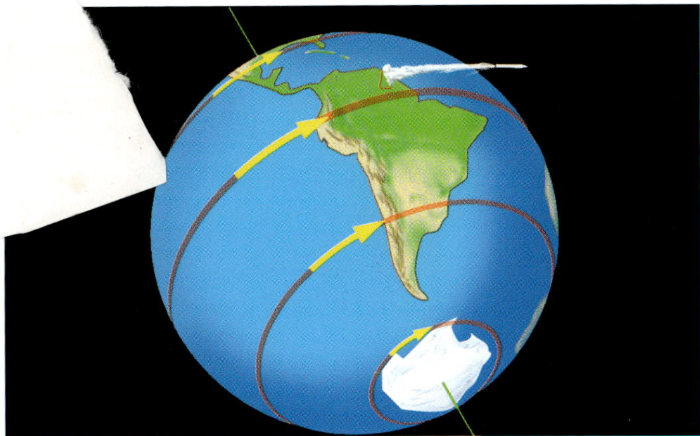

*Für eine Rakete ist es von Vorteil, wenn sie in Richtung der Erdrotation gestartet wird, weil diese Geschwindigkeit sie in den Weltraum trägt. Am schnellsten rotiert die Erde am Äquator. Deshalb ist Kourou im Moment der beste Startort auf der Welt.*

## Ein Weltraumbahnhof

Die verschiedenen Teile der Ariane werden per Schiff aus Europa nach Französisch Guyana gebracht. Dort werden sie in den Anlagen von Kourou zusammengebaut. Jeden Monat wird eine Ariane abgeschossen und bringt einen oder mehrere Satelliten ins All. Sie dient vor allem dazu, die Satelliten in 36 000 km Entfernung auf eine geostationäre Umlaufbahn zu bringen. Dabei kreisen die Satelliten in derselben Geschwindigkeit, mit der sich auch die Erde dreht, und bleiben so immer über demselben Punkt.

*Eine Ariane 5 hebt ab.*

# Die Mechaniker

*Das Weltraumteleskop Hubble wird repariert.*

***Die ersten Spaziergänge der Astronauten im Weltraum hatten eher ideellen Wert: Man stieg aus, um zu zeigen, dass es möglich ist. Erst als Satelliten versagten und Raumschiffe repariert werden mussten, zeigte sich, wie wichtig es ist, dass Menschen sich im Weltraum frei bewegen können. Die spektakulärsten Ausstiege fanden anlässlich der Reparaturen am Weltraumteleskop Hubble und an der Raumstation Mir statt.***

## Menschen oder Roboter

Die bemannte Raumfahrt war niemals unumstritten. Die Russen holten sich z. B. durch eine ferngesteuerte Mission Steine vom Mond. Das war viel billiger als die bemannten Flüge der Amerikaner. Außerdem vermeidet man durch Raumschiffe mit selbstständig arbeitenden oder ferngesteuerten

*Wie keine Mission zuvor bot die Mir auch ausländischen Wissenschaftlern Gelegenheit zu einem Aufenthalt im All.*

Robotern Risiken für Astronauten. Aber kein Roboter wird in absehbarer Zeit die Vielseitigkeit, die Geschicklichkeit und die Initiative eines Menschen besitzen!

## Ein schwerer Fehler

Nachdem das Weltraumteleskop Hubble 1990 auf seine Bahn gebracht worden war, entdeckte man entsetzt, dass die Bilder, die das Teleskop lieferte, unscharf waren. Sein Spiegel wies einen schweren Fehler auf.

Die Firma, die ihn produzierte, hatte ihn nicht richtig getestet. Das war eine Katastrophe für die NASA, deren Ruf nach der Explosion des Spaceshuttles Challenger 1986 ohnehin stark geschädigt war.

Die Reparatur des Teleskops, für die die Astronauten frei im Weltraum schweben mussten, wurde 1993 gewagt. Sie war ein voller Erfolg. Seitdem wurden schon zwei weitere Reparatur- bzw. Wartungsmissionen zum Weltraumteleskop geflogen.

## Eine zusammengeflickte Mir

Die Raumstation Mir war seit 1986 15 Jahre lang der einzige ständige Außenposten der Menschheit im All. Sie verzeichnete aufgrund ihres Alters jedoch viele verschiedene Störfälle

Mehrfach musste sie von russischen Kosmonauten und amerikanischen Astronauten repariert werden. Heute wissen die Russen nicht, ob sie die kostspielige Station weiter betreiben sollen. Vielleicht lassen sie die Mir ja bald in den Ozean abstürzen?

# Eine internationale

***Eine internationale Raumstation ist das große Projekt der nächsten Jahrzehnte. Größer als der wissenschaftliche Wert ist dabei der politische Nutzen. Die Kooperation vieler Länder soll den Zusammenhalt der Nationen stärken.***

## Ein Riese

Auf den ersten Blick unterscheidet sich die internationale Raumstation kaum von der Mir. Sie ist nur größer und moderner. Schon 1998 hat man begonnen, die Raumstation zusammenzubauen. Seit November 2000 wird sie von Menschen bewohnt, doch wird sie wohl nicht vor 2005 fertig gestellt sein. Etwa 50 Raumschiffflüge sind nötig, um die gesamte Station ins All zu transportieren. Vollendet wird die Station 108 m lang und 75 m breit sein. Ihr Gewicht wird dann 420 t betragen!

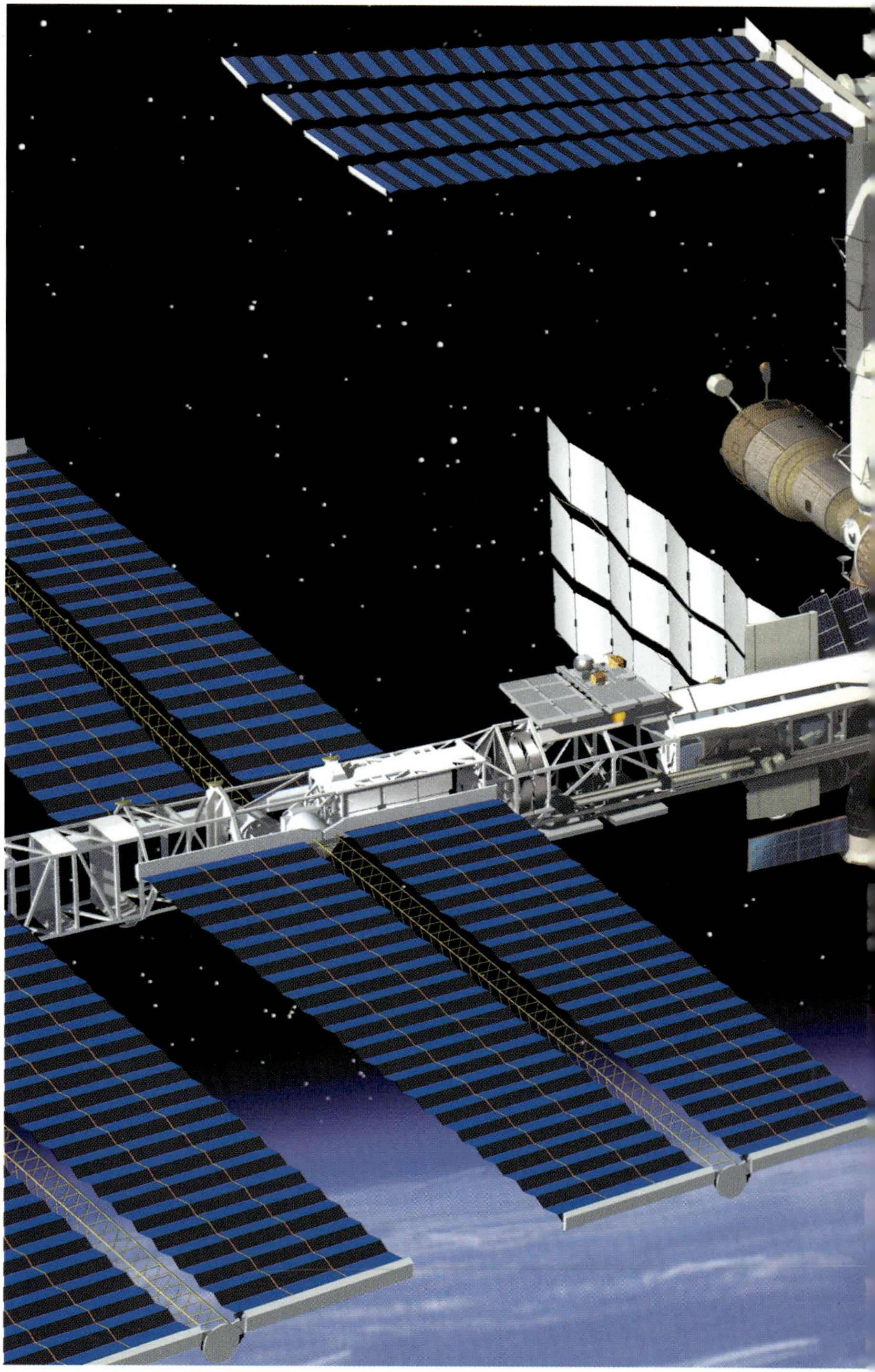

*Die internationale Raumstation entsteht durch die Zusammenarbeit mehrerer Länder: Beteiligt sind Kanada, Russland, Japan und Europa. Die USA leitet das Unternehmen. Unterschiedlichste wissenschaftliche Versuche sind an Bord vorgesehen. Aber die Station wird auch ein guter Test für den Bau bemannter Raumschiffe sein. So wie das, das in naher oder ferner Zukunft zum Mars geschickt werden könnte.*

# Raumstation

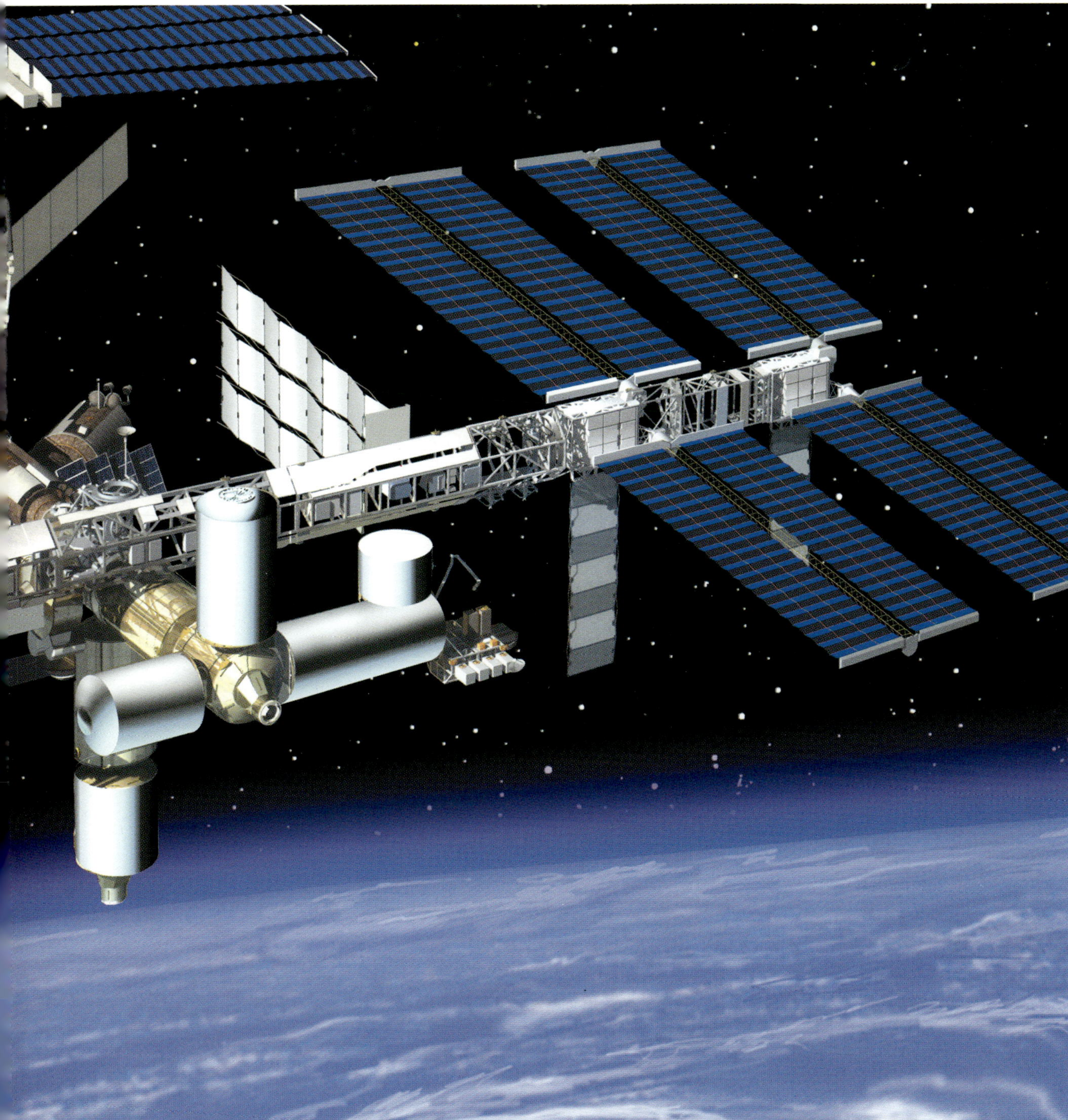

# Eine astronomische

***Die Bedingungen für große Teleskope auf der Erde verschlechtern sich ständig. Die vielen Satelliten, die um die Erde kreisen, und immer größere Radiosender stören die Radioteleskope. Luftverschmutzungen aller Art beeinträchtigen die kostspielige Ausrüstung. Weil sie also zunehmend in ihrer Arbeit behindert sind, träumen die Astronomen von einer Beobachtungsstation auf der abgewandten Seite des Mondes.***

## Ein harter Kampf

Die guten Beobachtungsplätze auf der Erde sind rar. Sie müssen hoch genug liegen, damit der Himmel klar und die Luft trocken ist. Außerdem muss es an möglichst vielen Tagen gutes Wetter geben. Da bleiben nur einige Vulkane oder hohe Berge in Chile, auf Hawaii oder auf den Kanaren übrig. Dort zu bauen ist natürlich sehr teuer und die Astronomen müssen für die Finanzierung eines Teleskops hart kämpfen.

## Eine ideale Lage

Auf dem Mond dagegen ist

# Station auf dem Mond?

genug Platz. Das fast völlige Fehlen einer Atmosphäre und die Bewegung des Mondes ermöglichen klare Bilder in beinahe alle Richtungen.

Auch die Wellenlängen, die von der Erdatmosphäre verschluckt werden, können hier aufgenommen werden. Radioteleskope, die auf der abgewandten Seite des Mondes angebracht sind, wären vor den Radiowellen der Erde geschützt.

Durch eine Zusammenschaltung mit den Teleskopen auf der Erde erreichte man Genauigkeiten, die ein Radioteleskop von 380 000 km Durchmesser haben würde. So könnte man die kosmischen Quellen von Radiowellen mit enormer Präzision ausmachen.

**Ferngesteuert**

Eine solche Station könnte von der Erde ferngesteuert werden, auch wenn zu Beginn für den Aufbau mit Sicherheit Menschen auf den Mond geschickt werden müssten.

Das ganze Unternehmen wäre natürlich sehr teuer, aber der Nutzen auch gewaltig.

# Die Kolonialisierung

***Manche Forscher vermuten, dass der Mars vor langer Zeit wärmer war und eine dichtere Atmosphäre hatte als heute. Damit hätte er einst gute Bedingungen für die Entwicklung von primitivem Leben geboten. Doch bis heute wurde kein Beweis für vergangenes oder aktuelles Leben auf dem Mars gefunden. Dagegen erfüllt der Mars alle Bedingungen für eine zukünftige Besiedlung durch den Menschen.***

**Sauerstoff auf dem Mars**
Auf dem Mars gibt es viel Sauerstoff. Er liegt in gebundener Form als Kohlendioxid in der dünnen Atmosphäre und als Eisenoxid im Boden vor. Mit dem Gas der Atmosphäre könnte man riesige Gewächshäuser aufblasen. Darin könnten die Pflanzen Sauerstoff in Reinform aus dem Boden wieder zurückgewinnen. Gleichzeitig könnten sie auch als Nahrung für Menschen und Tiere dienen. Solaranlagen könnten die Energie für den Aufbau von Industrie liefern.

**Die „Vererdung“ des Mars**
Manche amerikanischen Astronomen stellen sich vor, den Mars zu verändern und dort Bedingungen wie auf der Erde zu schaffen: eine atembare Atmosphäre, Meere und Vegetation, die die Oberfläche bedecken. Warum nicht? Technisch ist das möglich. Ein solcher Prozess würde aber tausende von Jahren dauern. Solange müssen sich die Menschen dem Mars anpassen.

**Leben unter extremen Bedingungen**
Auch wenn bis heute kein Leben auf dem Mars gefunden wurde, suchen die Biologen weiter. Sie haben auf der Erde Organismen entdeckt, die an extrem lebensfeindlichen Orten existieren. So sind manche Bakterien in der Lage Temperaturen von über 250 °C auszuhalten. Auf dem Boden der Meere, unter riesigem Druck, haben sich

# des Mars

ganze Ökosysteme um etwa 400 °C heiße, mit Schwefelwasserstoff gesättigte Quellen entwickelt. Im Himalaja wachsen Pflanzen in über 6000 m Höhe – sie bilden ein eigenes kleines Mikroökosystem in ihrer Umgebung. Vielleicht kann man diese enorm resistenten Organismen ja so verändern, dass sie auch den Bedingungen auf dem Mars standhalten können.

**Vom Menschen zum Marsmensch**

Die Siedler auf dem Mars wären 3-mal so leicht wie auf der Erde, denn die Gravitation des Mars wirkt dort nur mit einem Drittel der Erdanziehung.
Das Skelett müsste nicht mehr so stabil sein, um das Gewicht zu tragen.
Auf dem Mars geborene Kinder würden sich anders entwickeln als Erdenkinder.
Sie wären sicherlich sehr groß und schlank, wenn man ihnen nicht ständig schwere Lasten zu tragen gibt. Sie hätten allerdings große Schwierigkeiten auf der Erde zu leben. Von Generation zu Generation würden sie sich weiter von den Erdbewohnern wegentwickeln, sodass sie schließlich vielleicht wirklich zu richtigen Marsmenschen würden!

# Kolonien im

***Vielleicht ist ein Ausweg aus der Überbevölkerung die Besiedelung des Weltraums. Wer weiß, vielleicht befinden sich bald Kolonien auf einer Umlaufbahn um die Erde? Oder auch weiter weg, auf einer Reise ohne Wiederkehr?***

## Große Räder

Weil Menschen nicht lange ohne bleibende Schäden in der Schwerelosigkeit leben können, muss man nach einem künstlichen Ersatz für die Schwerkraft suchen. In den 50er Jahren stellte sich Wernher von Braun eine Raumstation in Radform vor. Das Rad sollte sich drehen und so die Gravitation durch Zentrifugalkraft ersetzen, die die Menschen gegen den Außenrand des Rades drücken würde. Sie sollte um die Erde kreisen und den Bewohnern häufige Besuche auf der Erde ermöglichen. Sie könnte sogar ein Ziel für Touristen sein.

# Weltraum

## Entfernte Kolonien

Sollte sich ein Teil der Menschheit dazu entschließen, ein fremdes Sternensystem zu besiedeln, wäre er bald fast völlig von der Erde abgeschnitten.

Die Entfernungen sind so groß, dass ein Flug zur Erde (mindestens) mehrere Jahrzehnte dauern würde. Selbst ein Funkspruch wäre Jahre unterwegs, ehe er die Erde erreichte.

## Sternenpilger

Die Freiwilligen, die diese Kolonien besiedeln würden, müssten in großer Zahl in riesigen Raumschiffen aufbrechen. Ihr Schiff würde einer Arche Noah ähneln und eine Auswahl von Pflanzen und Tieren und zudem eine Genbank an Bord haben, um jede Degeneration zu verhindern.

Diese Kolonien in den Weiten der Galaxis würden eigenständige kleine Welten bilden.

# Verblüffende

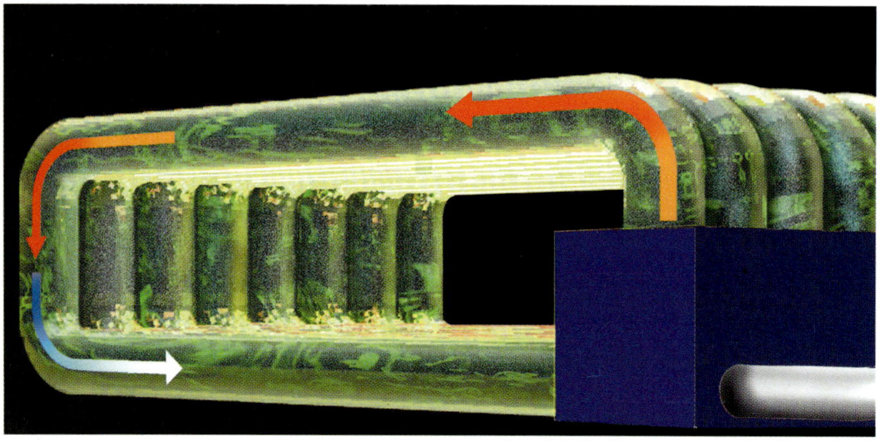

*Diese röhrenförmigen Aquarien dienen einem Raumschiff als Lunge und Nieren. In den ersten Krümmungen vermehren sich Algen und Bakterien. Sie ernähren sich von den Abfällen der Besatzung und stellen Sauerstoff aus dem ausgestoßenen Kohlendioxid her. Weiter hinten leben höhere Pflanzen und kleine Lebewesen wie Fische und Krabben von den Algen und Bakterien. Die Flora und Fauna des Meeres dürfte sich schnell an die fehlende Gravitation gewöhnen.*

***Unser Planet ist ein außergewöhnlich komplexes System, in dem viele Bereiche – Atmosphäre, Meere, Flora und Fauna – zusammenwirken und seit hunderttausenden von Jahren ein Gleichgewicht aufrechterhalten, in dem sich das Leben entfalten konnte. Es wird nicht leicht sein, ein solches System nachzuahmen, um weite Raumfahrten zu ermöglichen.***

## Die Biosphäre

Während der „Biosphäre" genannten Experimente versuchten Freiwillige eine möglichst lange Zeit in völliger Autarkie, d.h. ohne Kontakt zur Außenwelt, zu leben. Es wurden so die Bedingungen einer Reise ins All simuliert. Damit man zum Überleben der Mannschaft nicht Lebensmittel in riesigen Mengen herbeischaffen musste, baute man ein eigenes Ökosystem: Man schuf eine geschlossene Welt, in der die Pflanzen Sauerstoff aus dem von den Menschen ausgeatmeten Kohlendioxid herstellten und gleichzeitig als Nahrung dienten. Zudem sollten alle Abfälle wieder als Rohstoffe verwendet werden (Recycling).

## Von der Theorie zur Praxis

Auch wenn das Prinzip der Biosphäre einfach erscheint, die Umsetzung ist sehr schwierig. Einen landwirtschaftlich genutzten Boden

*Es dürfte nicht schwierig sein Pflanzen im All anzubauen, wenn man solche radförmigen Gewächshäuser benutzt, in denen sie Nahrung, Wasser und Licht erhalten, die sie zum Wachstum brauchen. Die Bewegung des Rades erzeugt künstlich die Schwerkraft.*

# Experimente

*In solch einem Bau wurde eine geschlossene Welt geschaffen. Dort versuchten Freiwillige ohne Verbindung zur Außenwelt zu überleben. An äußeren Faktoren nutzten sie allein die Sonnenenergie.*

dauerhaft im Gleichgewicht zu halten ist nicht leicht. Um aus dem Boden die für das Wachstum der Pflanzen nötigen Stoffe zu ziehen ist ein Austausch zwischen den Wurzeln und Pilzen oder Bakterien nötig. Diese sind wiederum abhängig von anderen Lebewesen wie z.B. Würmern. Diese brauchen wiederum natürliche Feinde, damit ihre Anzahl beschränkt bleibt. Wenn man also wie in der Biosphäre eine begrenzte Menge Boden optimal nutzen will, führt dies zu großen Problemen.

**Das Scheitern der Biosphäre**
Vor allem die unkontrollierte Verbreitung von kleinen Algen und Bakterien war Schuld am Scheitern der Biosphäre. Manchmal kam es sogar vor, dass die Bewohner die Biosphäre schnell verlassen mussten, weil diese unbewohnbar und gar gefährlich geworden war. Die Experimente zeigen, wie schwer es ist, ohne Verbindung zur Erde zu leben.

# Außer

Lange Zeit dachte man sich fliegende Untertassen als Bewegungsmittel angeblicher Außerirdischer. Manch einer erklärte sogar genau, wie sie funktionieren. Heute sind die Vorstellungen von UFOs, den unbekannten Flugobjekten, vielfältiger geworden.

***Es ist heftig umstritten, wie hoch die Wahrscheinlichkeit von Leben auf anderen Planeten ist. Es gibt im Universum jedoch so viele Sterne, dass der Großteil der Wissenschaftler davon ausgeht, dass Leben auf anderen Planeten existiert. Die Frage ist nur, auf wie vielen und wie intelligent die Lebensformen sind. Gibt es irgendwo eine Zivilisation, die technisch so weit fortgeschritten und außerdem ausreichend kontaktfreudig ist, um uns zu besuchen? Die Anhänger der UFOs glauben daran …***

## Marsmenschen

Zu Beginn des 20. Jahrhunderts war fast die gesamte Erde erforscht und niemand hatte je das mysteriöse Atlantis, dieses Königreich mit einer überlegenen Zivilsation, entdeckt. Doch es blieben noch Mond, Mars und Venus zu erforschen, die man schon seit langem für bewohnt hielt. Inzwischen lassen Raumsonden vermuten, dass sich kein Leben, geschweige denn eine Hochkultur, in diesen feindlichen Gegenden verbirgt. Wenn es Außerirdische gibt, müssen sie also aus einem anderen Sternensystem kommen.

## Leben im Weltraum

Wann entwickelt sich Leben auf einem Planeten?

Wir haben schon genug Schwierigkeiten, uns mit intelligenten Tieren wie Delfinen, Affen oder Tintenfischen zu verständigen. Wie also sollten wir mit Außerirdischen kommunizieren?

# verzeichnis